U0342408

橡皮章插画狂想曲

路上路 著

廣東旅游出版社
GUANGDONG TRAVEL & TOURISM PRESS
悦读书·悦旅行·悦享人生
中国·广州

图书在版编目（CIP）数据

橡皮章插画狂想曲 / 路上路著. — 广州 : 广东旅游出版社, 2018.1
ISBN 978-7-5570-1190-1

Ⅰ. ①橡… Ⅱ. ①路… Ⅲ. ①印章—手工艺品—制作 Ⅳ. ①TS951.3

中国版本图书馆CIP数据核字(2017)第303483号

橡皮章插画狂想曲

XIANGPIZHANG CHAHUA KUANGXIANGQU

路上路 著

◎出版人：刘志松　◎责任编辑：梅哲坤　◎责任技编：刘振华　◎责任校对：李瑞苑
◎总策划：金城　◎策划：momokii　◎设计：以诺　虹人

出版发行：广东旅游出版社
地址：广东省广州市环市东路338号银政大厦西楼12楼
邮编：510060
邮购电话：020-87348243
广东旅游出版社图书网：www.tourpress.cn
企划：广州漫友文化科技发展有限公司
印刷：深圳市精彩印联合印务有限公司
地址：深圳市光明新区白花洞第一工业区精雅科技工业园
开本：889毫米×1194毫米　1/16
印张：11.5
字数：100千字
版次：2018年1月第1版
印次：2018年1月第1次印刷
定价：54.00元

序言 Preface

第一次和橡皮章接触是在一个橡皮章展上。初次见面就被它的美镇住了，一块小小橡皮竟能有如此大的魅力。回到家后，我马上买了刻章的工具在家研究。刻出来的第一个图案是直接从书上印下来的，雕刻的过程简直手忙脚乱，但是印到纸上的那一刻我惊呆了，记得我当时写过这么一句话：“从前的艺术都很慢，慢到你看到的不只是结果，还有过程；从前的艺术都很简单，简单到只用一把刀。”经过几天的练习，我就开始刻一些自己的插画和原创作品，没想到还挺受大家欢迎，其实在网上搜索橡皮章时会发现橡皮章还停留在刻些简单的漫画人物上，运用最多的还是一些线条，但是当你把橡皮章和插画联系到一起的时候，你就仿佛置身在一个属于你自己的小型印刷工厂—— 你一个人、几块橡皮、几把刀、一些印台，就能把印刷厂的事干了，这是一件多么酷的事情。橡皮章和电脑插画也大不相同，有雕琢的享受感，有古拙的视觉感，还能立马呈现，关键是连抚摸着盖印好的图案也是一种享受！言归正传，经常有朋友问我：你的留白怎么处理的？你的套色套得怎么那么好？第一次见橡皮章还能这么玩！我一句话两句话不能表达清楚，所以想出这本教程书。其实玩橡皮章从技术上来说，真的是零基础就可以，很容易上手，后期的套色和创作稍微难一些，但这就是乐趣所在啊。留白越简单越好，套色套不准也没关系，这其实是风格的问题，套不准色也是一种美，这就是橡皮章的特色啊，套那么准干什么，又不是电脑制作，这就是手工制作的乐趣。总的来说，怎么自在怎么来，没有固定的形式，按照你自己的风格，达到你想要的效果就好啦！

路上路

通过橡皮章，你一定会遇见一个更好的自己。

凯罗

豆瓣橡皮章子小站创始人 / 视觉设计师

喜欢橡皮章的人越来越多了。很多画画的朋友，闲暇时会捏捏黏土，或者刻个橡皮章。也有很多刻橡皮章的朋友，刻着刻着就丢下刀子去专心画画了。橡皮章似乎是一个轻松自在的空间，有很多的创作者在其中进进出出。我想画画和刻橡皮章或许本来就是一回事儿。橡皮章若求精致，大可以找机器来刻；若求精彩，那一定是出自爱画画的人之手。从路上路的作品中，我们可以看到一点，那就是她真的很爱画画。她的作品完成度之高，已经和版画一样，但跟传统学院派版画不同的是那种自在的变形和精炼的配色，这种又是完全和国际接轨的插画风格。路上路在休产假期间完成这本书，作为一个创作者，作为一个妈妈，她的能量非常令人佩服。有的人说，在创作的初级阶段从不原创。我一直都反对这个说法。我愿意大家多多涂鸦，多多把自己的小画刻印出来。通过橡皮章，你一定会遇见一个更好的自己。

推荐序 Recommend

这些能让人慢下来的
手工之美，都是独一无二的。

Deepgrey 设计教师 / 服装设计师 / 日本小原流花道家元教授 / 橡皮章手工艺人

我与路上路结识缘起于微博，她私信告诉我开始刻橡皮章了。本以为她会和我之前遇到的一些刻橡皮章的朋友一样，入门从描图开始。可是路上路的橡皮章给了我不小的惊喜：趣玩几何感的造型，明快清新的色彩，展示出橡皮章圈内少见的独特个人风格。不同于其他国内资深橡皮章玩家，路上路的作品从最初就带有强烈的故事感与场景感。通过作品留白的痕迹能看出她雕刻时有即兴创作。因材质关系，手刻橡皮章的时间比石刻、木刻短很多，也不需复杂的技巧，几乎人人可以轻易上手。橡皮章的表现内容比较宽泛，雕刻的过程可以更加率性和快速。路上路的橡皮章作品中呈现出温暖率性的手工感，更能打动整日忙碌的现代人。

我自己玩橡皮章有七八年了，从最开始上瘾般的沉迷，到现在的偶尔练手，其间也陆续攒下了几百个橡皮章，但没想过要把自己的小爱好与许多人分享。路上路能将生活中的“小确幸”集结成书，变成与大家分享的话题，无疑是让人感到欣喜温暖的。生活是天籁，须凝神静听，这些能让人慢下来的手工之美都是独一无二的。在此祝路上路的书能畅销，也愿更多的读者能慢下来，体会手工带来的轻松愉悦。

只要能有一个好的窗口，
每个人都可以尽情绽放，
找到最好的自己。

黑荔枝

独立艺术家 / 插画家

认识璐子（路上路的昵称）大概有10年了，在我印象里她是一个有爱心的朴质平凡的女孩。

她从一个艺术爱好者转变为插画师，直到现在已经成为一位有思想的成熟作者。从她的作品里大家会经常看到麦田、森林、动物、小伙伴、宇宙等元素，纯粹又简单的主题；在风格上更具有版画和图腾的装饰性，极具想象力。其实这期间我不知道她一直进行着橡皮章的创作。

相比传统插画，橡皮章插画有一种独特魅力，印出来的每个色块之间都有不规则的缝隙，包括色块里的斑驳肌理。这种小小的随机性，更增加了意想不到的效果。我不是橡皮章圈子的人，现在着力于潮流艺术品和玩具开发，不过现代艺术创作已经非常多元化，插画的概念也远远超出了传统规定的范畴。

其实很多作者，一直都把自己的苦与乐灌注在笔尖。他们与纸和笔相依相伴，记录下最荣耀的瞬间，也搀扶着走过了多少落寞的日子。

推荐序

Recommend

然而现实也很骨感，在接到璐子的邀请时，我正在为一起盗图事件打官司。作品就像作者的孩子，为了保护孩子的权益倾尽所有，这也算是作者的日常内容。在当下社会，维权系统和作者对作品的保护意识越来越强，希望作者们团结起来，除了浇灌好自己的创作小世界之外，把外面的世界也要保护好。喜欢我们作品的朋友，请以购买来表达支持，尊重每一分创作劳动。

很高兴为璐子写这篇序。

现在她的作品集结成书，里面讲的故事属于我们每个人。能引得读者们会心一笑或轻轻一叹，那便是一种幸福。

有人说“画画对自己来讲太遥远啦”，那么不妨试试其他形式。记得当年同一批出道的作者，继续绘画的不多，其中有朋友变成了歌手，有人当了著名作家，有人转型为手作达人，还有人成了设计师、摄影师。只要能有一个好的窗口，每个人都可以尽情绽放，找到最好的自己。

最后，祝璐子在以后的日子里有更多更好的作品；也祝各位在《橡皮章插画狂想曲》中玩得开心！

目录 Contents

PART1
基础知识

雕刻工具

1. 刻刀，也叫笔刀，用来雕刻图案轮廓，多数情况下将刀尖倾斜30度使用。本书中用的这把简称“小黄”，本身带有替换的刀片。

2. 角刀，用来雕刻图案的轮廓和线段，也可用来做肌理。角刀的品牌有很多，本书中常用的角刀品牌是Esion和三本组，小号使用得最多。

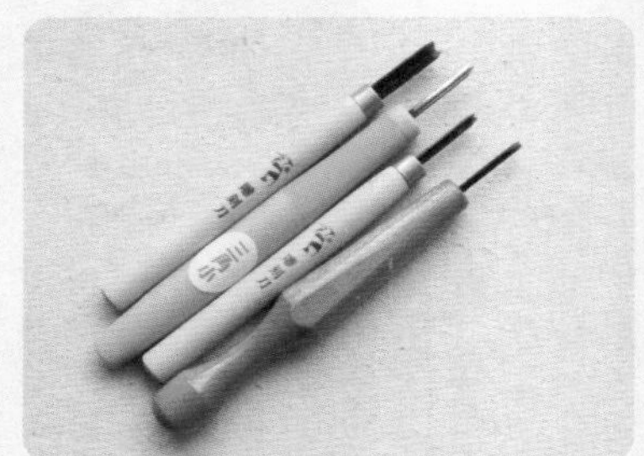

3. 丸刀，一般用来做图案留白，也可做肌理。本书中常用的是三本组牌和啄木鸟牌的丸刀，必备大号、中号、小号。

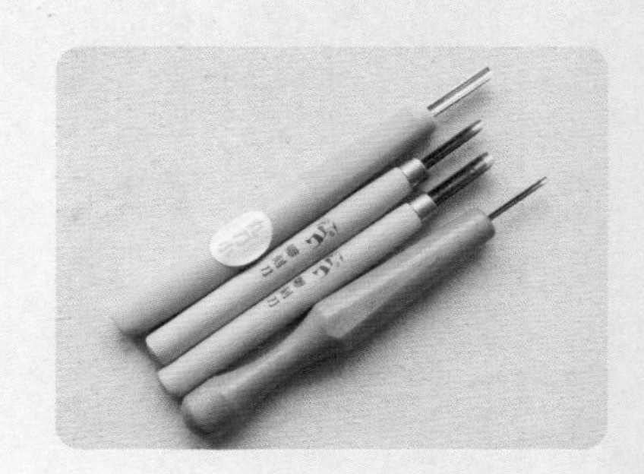

4. 橡皮砖，刻橡皮章用的专用橡皮，简称“大白”。本书中用的橡皮砖都是20厘米×15厘米的大橡皮砖，可以随意切割想要的尺寸。市面上还有各种颜色、各种形状的橡皮砖，软硬各不同，购买前可以试试手感，选择适合的。

5. 印片纸，用来呈现作品。印片纸的类型有很多，可以用素描纸、水彩纸和硬卡纸，还可以用一些带纹理的纸张，如石斑棉絮卡纸、彩线卡纸。本书中常用的有石斑棉絮卡纸和硬卡纸。

6. 铅笔，用来设计图案和描图。HB铅笔的颜色较浅，用来转印图案比较好清理。不建议使用颜色过深的2B铅笔。

自动橡皮，本书中常用三角自动橡皮，用来擦转印时出现的微小错误。

尺子，将描图纸上的图案转印到橡皮砖上，也可以用硬币等硬物代替。

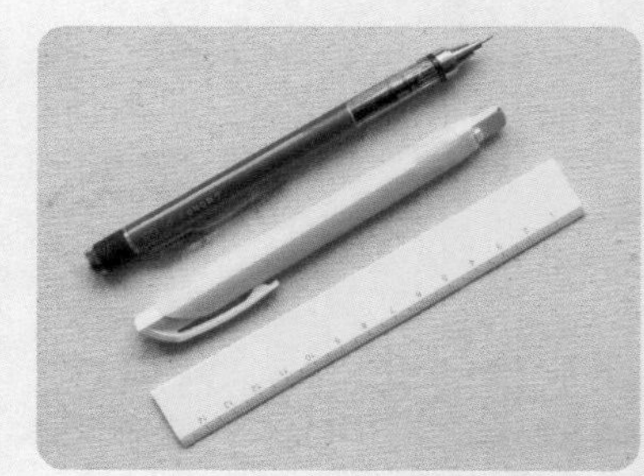

7. 描图纸，用来把图案转印到橡皮砖上。

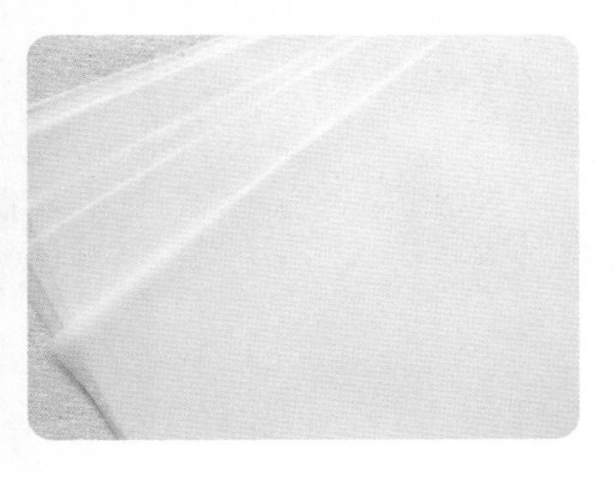

8. 印台清洗液，用来清洗橡皮砖。

9. 可塑橡皮，用来清除橡皮砖上的铅笔印、印台色和橡皮碎末。

10. 美工刀，用于把刻好图案的橡皮章从大块橡皮砖上切割下来，还可在雕刻完之后切除不需要的外轮廓。

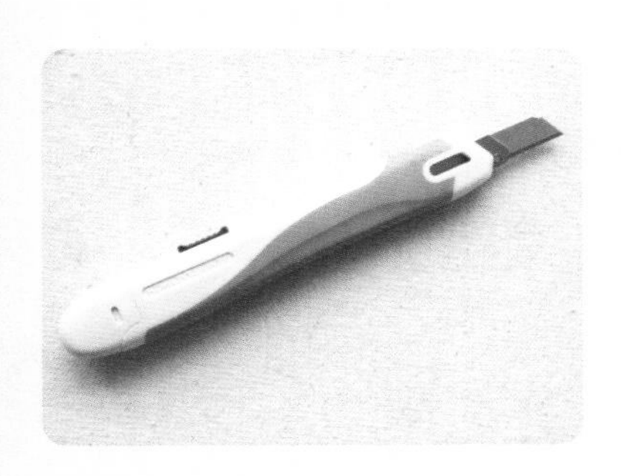

11. 涂抹工具，包括指套、上色笔、牙刷，用来对橡皮章作品进行局部上色或制造肌理，增加画面美感。

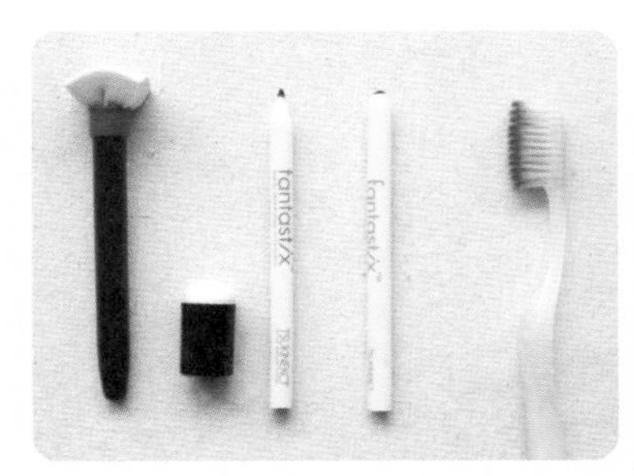

12. 切割垫板，垫在橡皮砖下，避免在雕刻橡皮章时对桌子造成损坏。切割垫板一般有A3和A4两种尺寸。

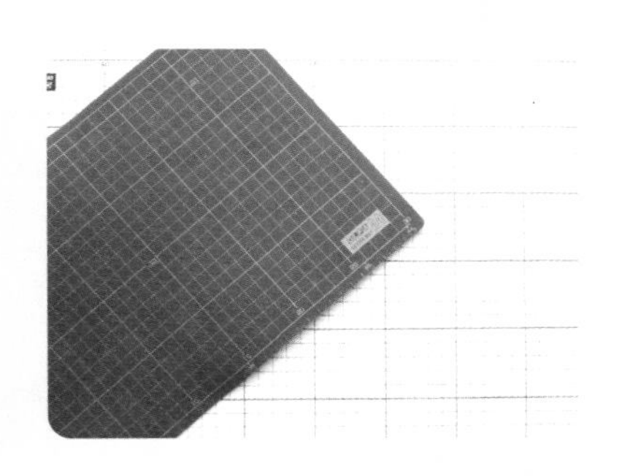

13. 印台，分为水性印台和油性印台。大部分印台可用于印在纸上，还有些专用的印台可印在木头和布上。水滴、方盒等小型印台可以处理一些细节，大盒的印台则用于大面积拍色。

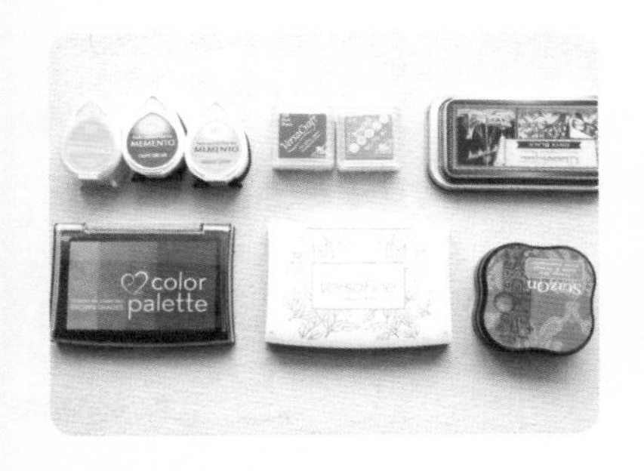

14. 手柄，粘贴在橡皮章的背面，方便拿起橡皮章盖印，也可以使其更美观。手柄材质一般有木块、木片、飞机木和亚克力板等。

15. 胶带，用来清理橡皮章，或者粘在描图纸上，防止描图的时候产生移位。

转印图案

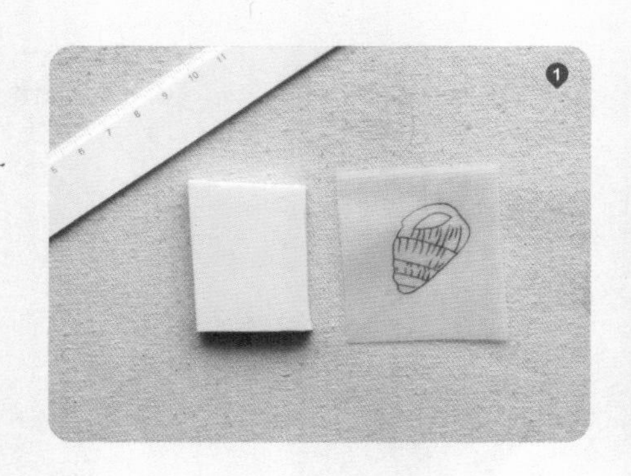

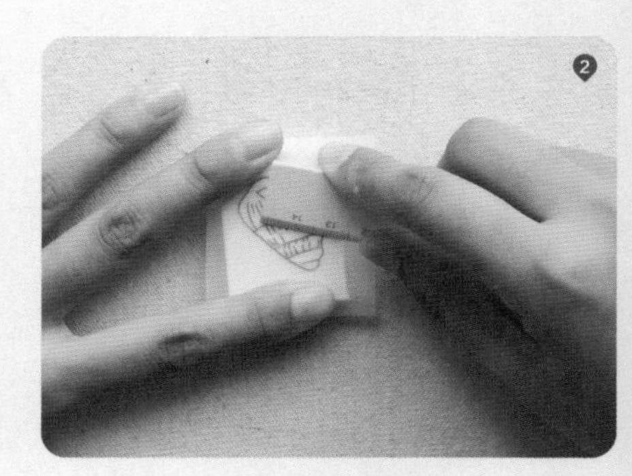

1. 准备工具：尺子、橡皮砖、描好图的描图纸。

2. 将描图纸有图案的那一面铺在橡皮章上，左手固定描图纸，右手拿尺子有力地来回刮几遍。图案转印完毕。

3. 有一些用卸甲油、小型熨斗转印的方法，其实完全没有必要。卸甲油对身体有害，用熨斗相当麻烦，而且熨烫对橡皮也不大好，主要是效果也不见得好，还是用传统转印方法最安全、最省时。

清洁橡皮章

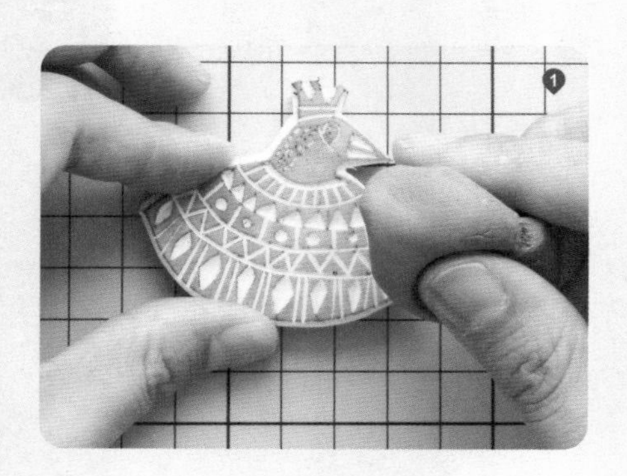

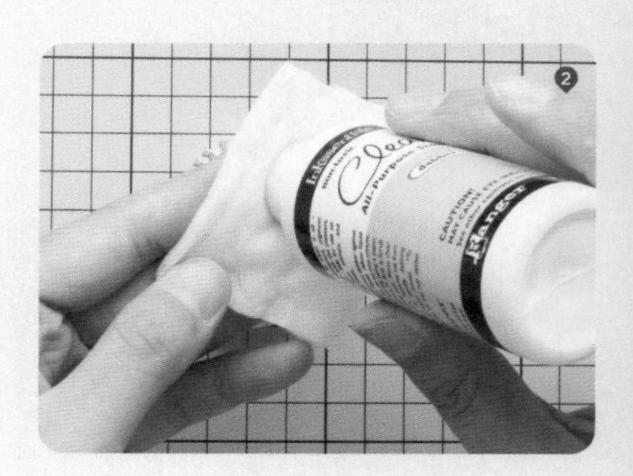

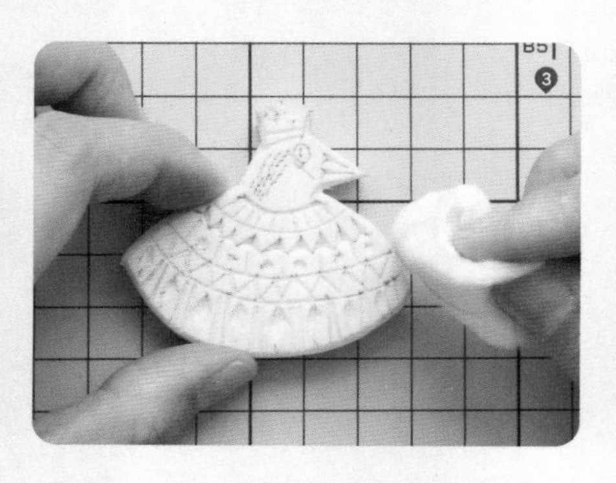

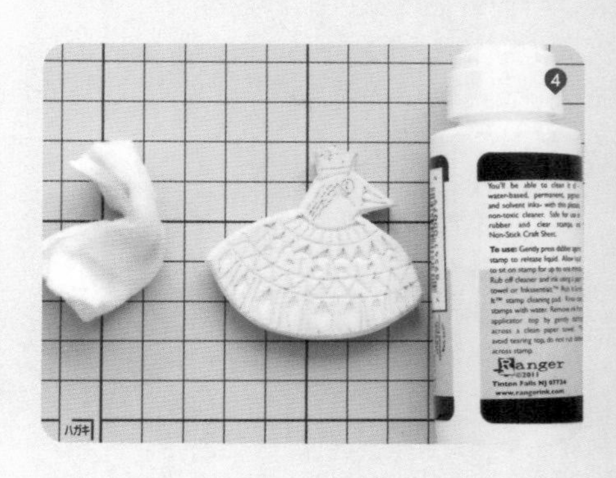

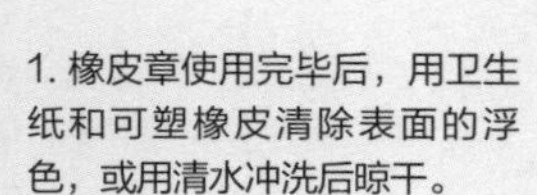

1. 橡皮章使用完毕后，用卫生纸和可塑橡皮清除表面的浮色，或用清水冲洗后晾干。

2. 将清洗液倒在化妆棉上。

3. 用化妆棉清洗橡皮章表面，动作要缓和，避免毁坏橡皮章的细节。

4. 橡皮章清洗完毕后放入收纳盒进行保存，避免高温、阳光直射，以免橡皮章发黄和产生裂缝。

印台收纳

有专门的水滴印台和小方印台收纳盒。如果没有，可以准备A4纸收纳盒（有一定厚度）来收纳印台。

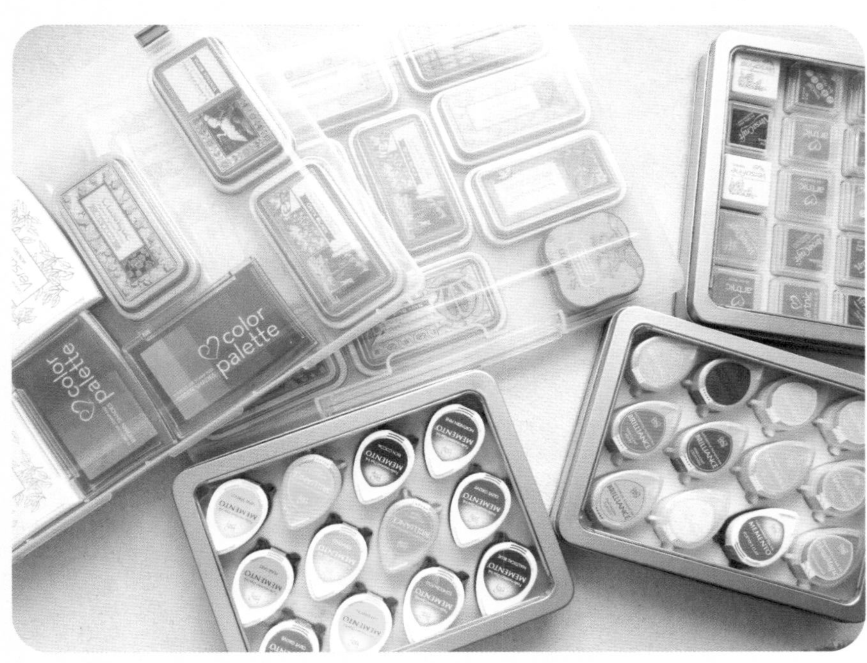

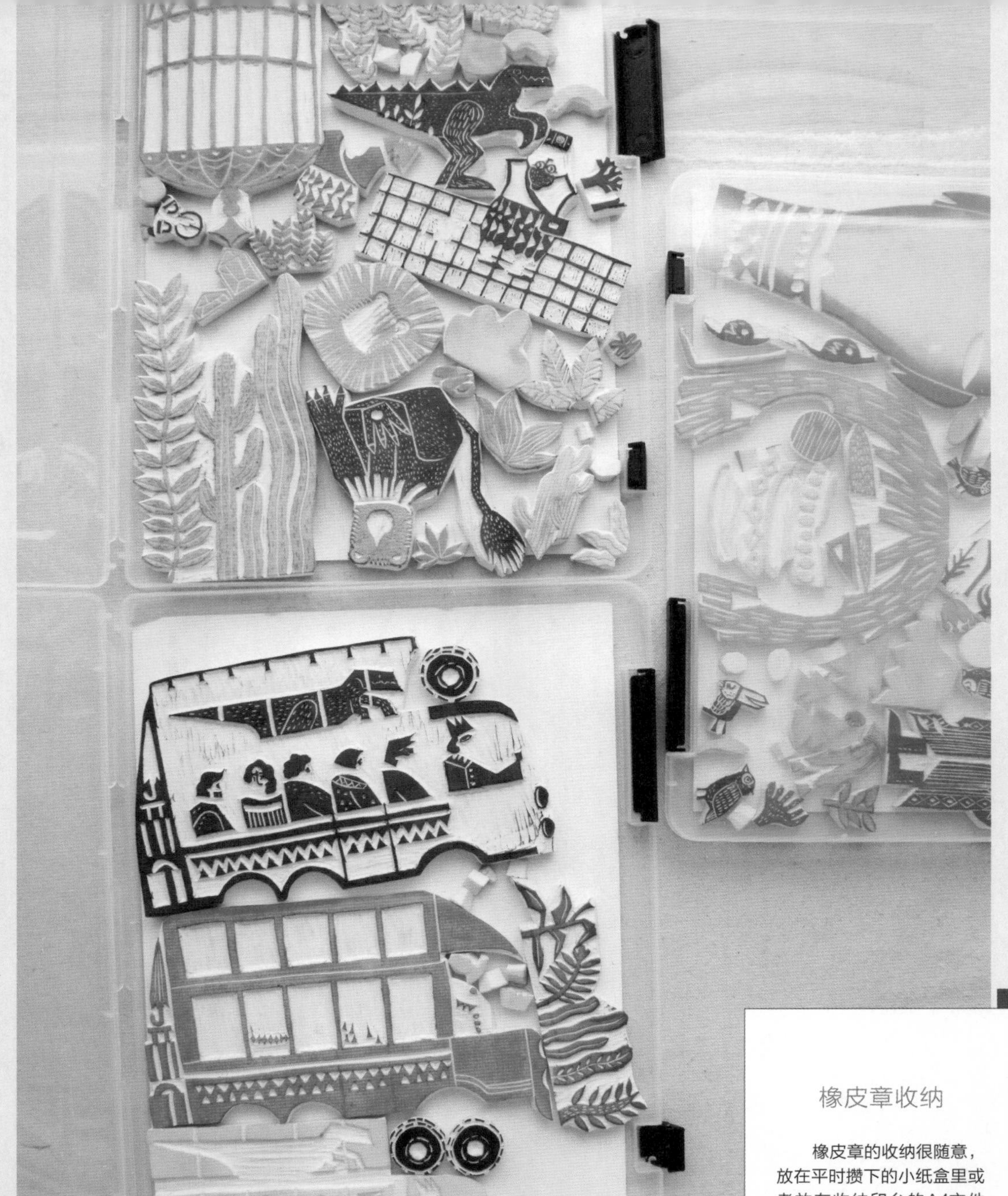

橡皮章收纳

橡皮章的收纳很随意，放在平时攒下的小纸盒里或者放在收纳印台的A4文件夹里都可以。但要注意一点，橡皮章和橡皮章之间如果上下摞在一起，最好用白纸隔开，即使放在塑料盒里也要用白纸将橡皮章和塑料盒隔开。不然时间一长，橡皮章和橡皮章，或橡皮章和塑料盒，就会粘在一起。存放的地方一定要避开阳光直射和高温，因为如果长时间受阳光直射，橡皮章会变黄、变硬，甚至产生裂纹。

手柄制作

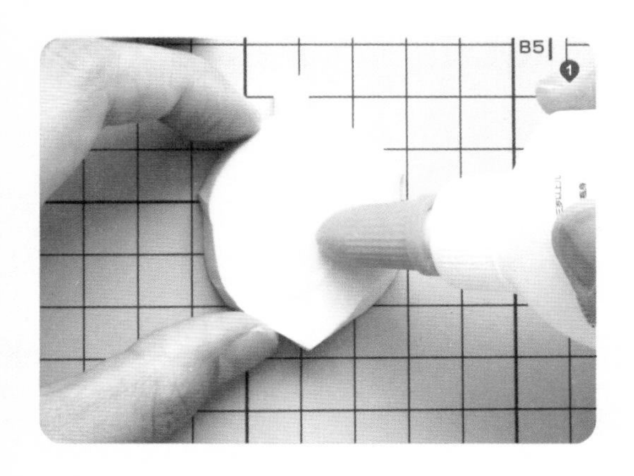

1. 在橡皮章的背面均匀地涂上白乳胶。

制作手柄的目的是方便橡皮章盖印，也可以使其外表更美观。手柄的材料可以上网购买。

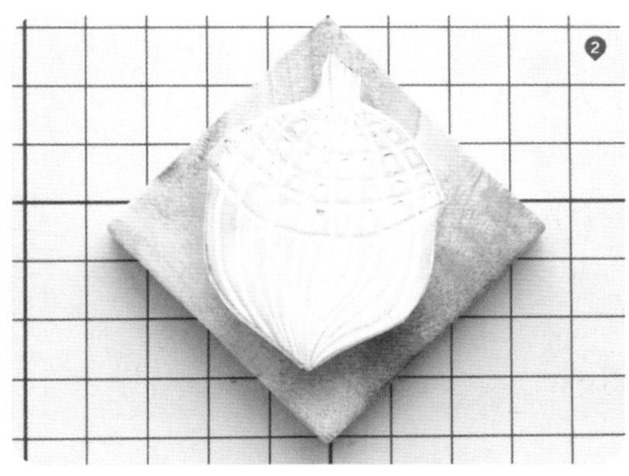

2. 准备好木制手柄。

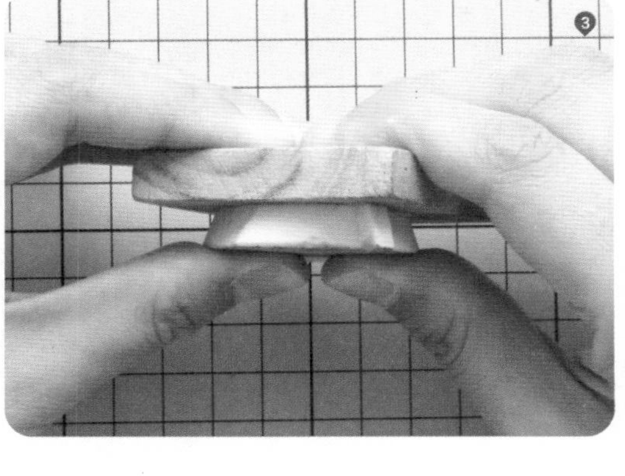

3. 将橡皮章与手柄粘贴，轻轻按压，停留几秒等稳定即可。

4. 制作图案标签：将橡皮章盖印到印片上，用剪刀剪下，用白乳胶粘在手柄背面。

5. 完成。

色卡制作

制作色卡的目的是更方便、更直接地掌握所有印台印在纸上的颜色效果，一目了然地进行颜色搭配，避免重复试色，耽误时间、弄脏印台。

色卡的制作，一般从浅色印台开始印起，因为颜色越深，越不好清洗橡皮章。印完一个颜色，一定要先用卫生纸擦干净橡皮章表面，再用可塑橡皮把剩下的颜色清除掉。如果清除不干净就用清洗液清洗，一定要清洗干净，以免产生混色，影响要印的颜色。

印完每个色系之后要留有空白，这样以后买了新印台才有位置可以补上去。

全部印完之后，将色卡装入透明密封袋，避免弄脏。

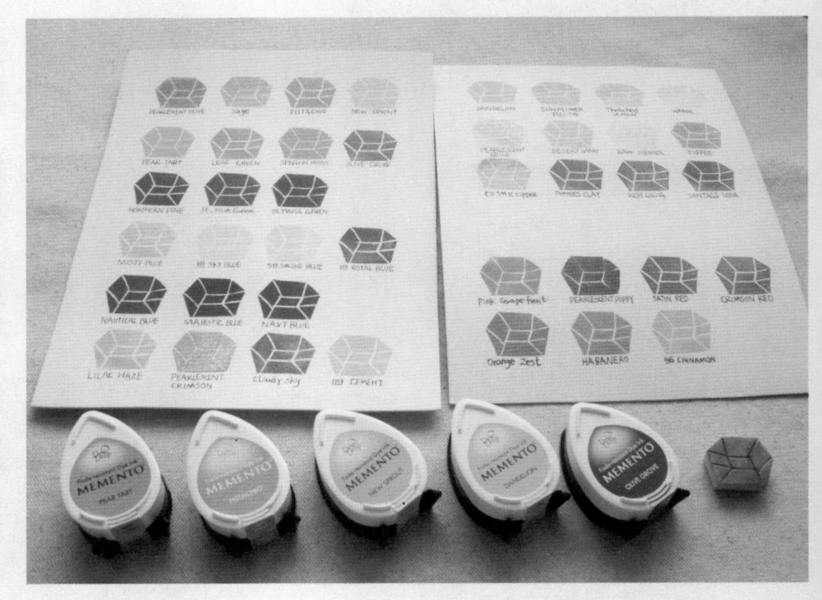

拍摄教程和刻章的姿势

有没有办法可以长时间刻章却不累？答案是，并没有。

长时间刻章对我们的脊椎是一项挑战。家里原来的桌子太低，有段时间我刻得太上瘾，就出现了头晕、恶心和脊椎疼等症状。后来我改造了家里的飘窗，桌子加高了至少20厘米，这样颈椎弯下的幅度就不是很大了，胳膊抬高了就不会太累。如果家里条件有限改装不了桌子，也可以在桌子上垫几本书，或者调低椅子。

如何拍教程？如果你对教程图片要求不太高，购买手机支架就可以。但像我这样对照片质量要求高的，就必须使用单反相机。单反相机要垂直拍摄，所以三角支架必不可少，360度可旋转，可在网上购买。

肌理

1. 利用辅助工具进行局部上色或制造肌理，增加画面美感。

2. 可塑橡皮的可塑性不错，可以随意造型，捏成大小不同的球形，一般用来处理一些画面细节，如人物脸上的腮红。可塑橡皮的使用方法和橡皮章一样，蘸上颜色，轻轻按压，不可太用力，以免造成变形。

3. 指套常常用来打造雾蒙蒙的上色肌理，像水彩，颜色不重但恰到好处。用指套蘸上颜色轻轻拍，如果觉得颜色较浅可以多拍几遍。

4. 上色笔和可塑橡皮的用途基本一样，区别就是上色笔较硬，图案不容易变形，画出来的圆点大小基本一样。

5. 牙刷经常用来打造一些斑驳的肌理，比如地板或有肌理的墙。用牙刷蘸上颜色，拍、蹭、刷等都可以。

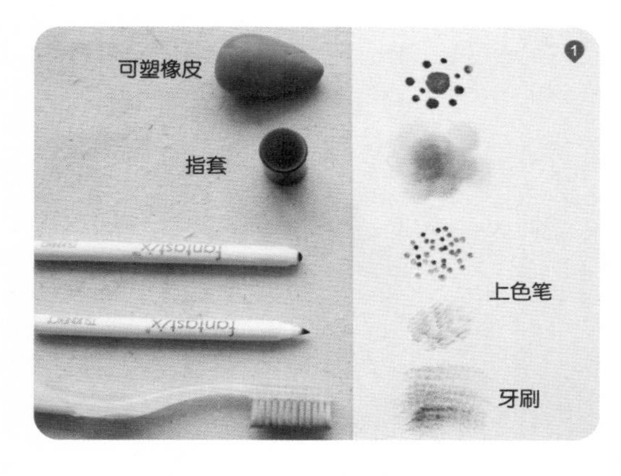

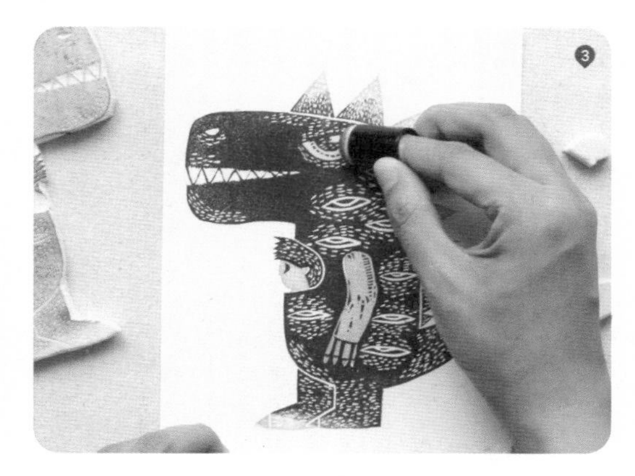

PART2 ● 基本雕刻方法

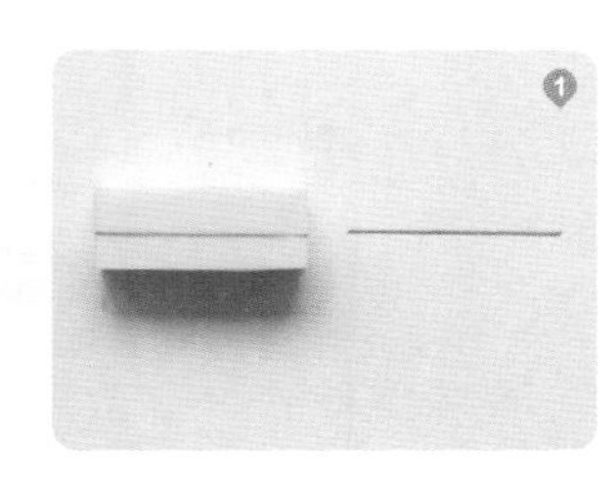

刻刀刻直线

1. 将画好的直线转印到橡皮砖上。

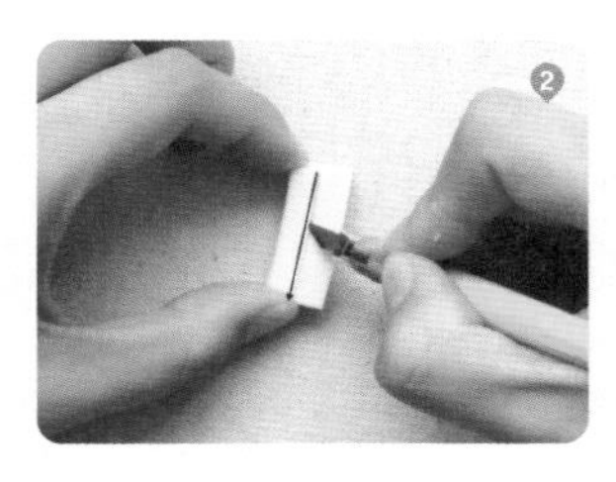

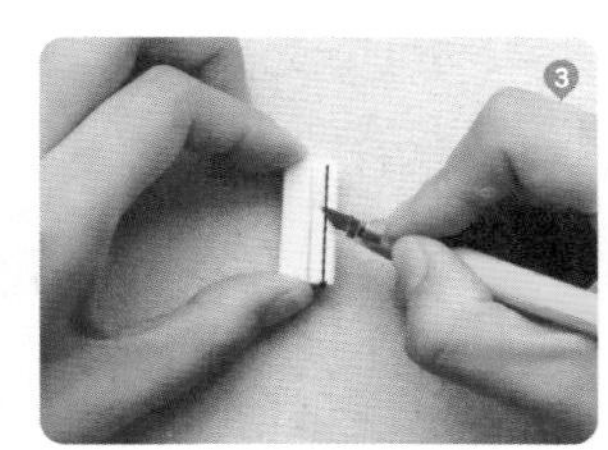

2. 将笔刀倾斜大约30度沿着直线边缘插入橡皮砖，不可过深以防橡皮砖断裂，也不可过浅，否则线条不明显。

3. 把橡皮砖旋转，依旧倾斜30度将笔刀插入橡皮砖，沿箭头方向轻拉笔刀，这样一边的边缘就刻出来了。然后用笔刀剔除废料。

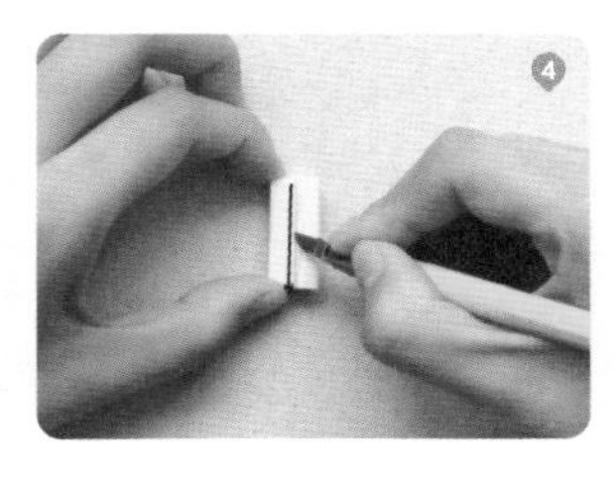

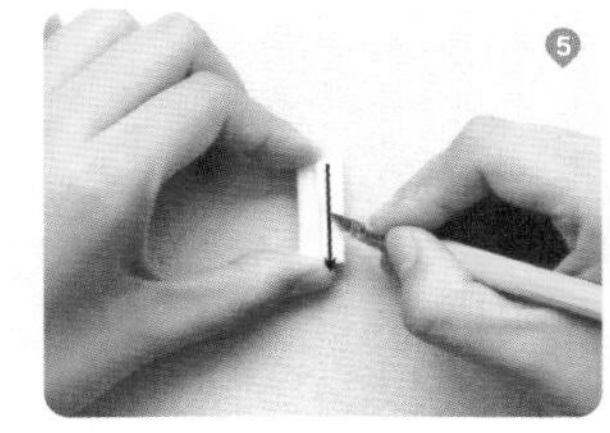

4~5. 按照前两步，雕刻直线两边的轮廓。

6. 线条雕刻完成，从侧面看，笔刀雕刻过的地方都成了30度的V形凹槽。

角刀刻直线

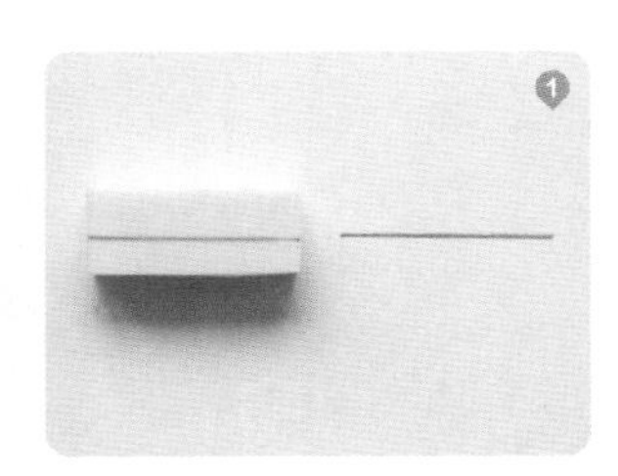

1. 将直线转印到橡皮砖上。

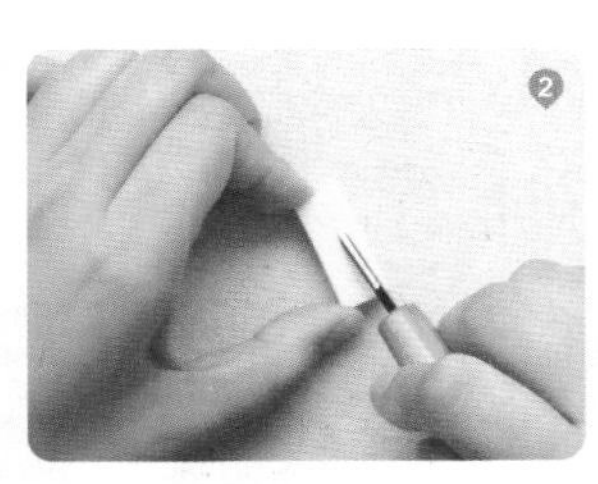

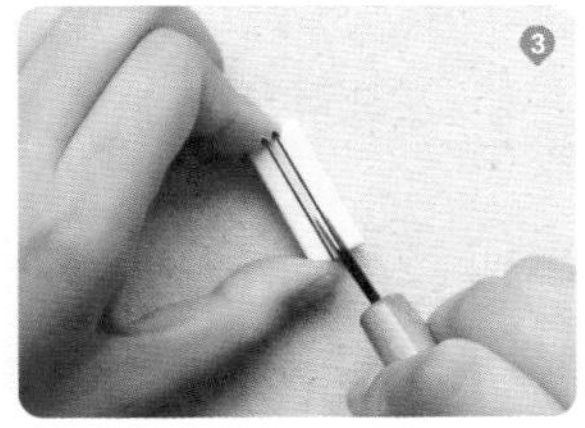

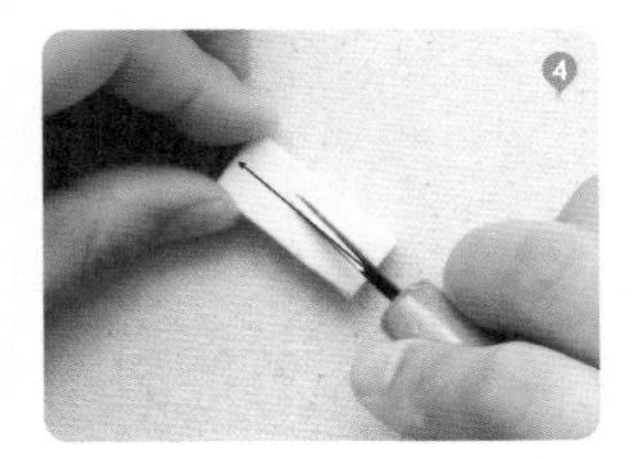

2~3. 按照图示方向下刀。向上提起收刀。

4. 雕刻一条直线可以用角刀完成，角刀比较适合直线雕刻。

盖印图

虚线

角刀刻虚线

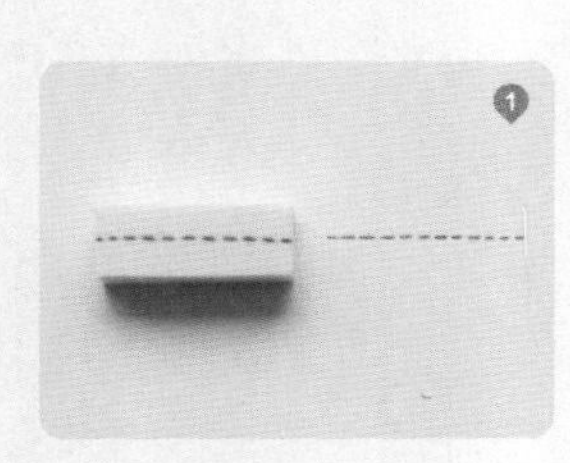

1. 将画好的虚线转印到橡皮砖上。

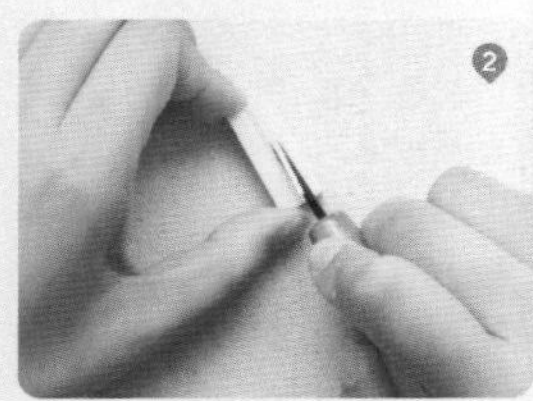

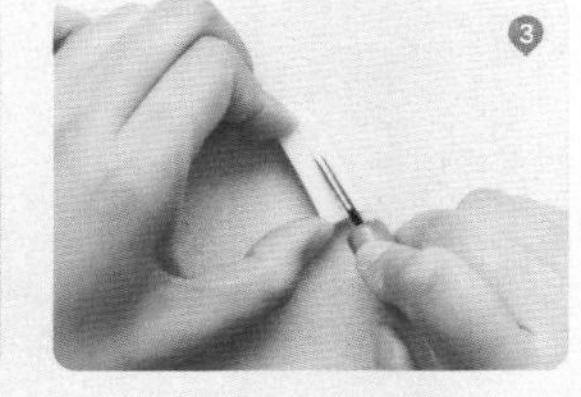

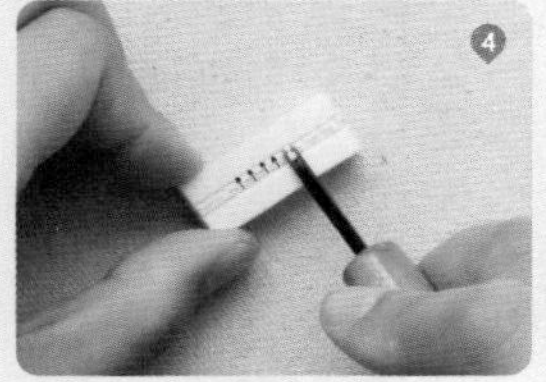

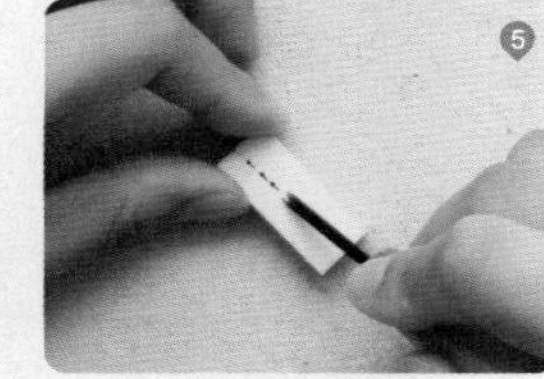

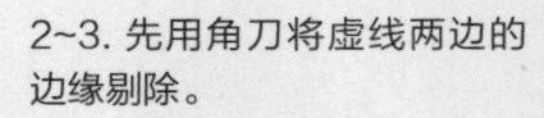

2~3. 先用角刀将虚线两边的边缘剔除。

4. 再用角刀将虚线中间的画线部分剔除。

5. 盖印图中第二款的虚线雕刻方法：用角刀按照图示方向雕刻。注意，收刀时要轻轻向上提起。

折线

角刀刻折线

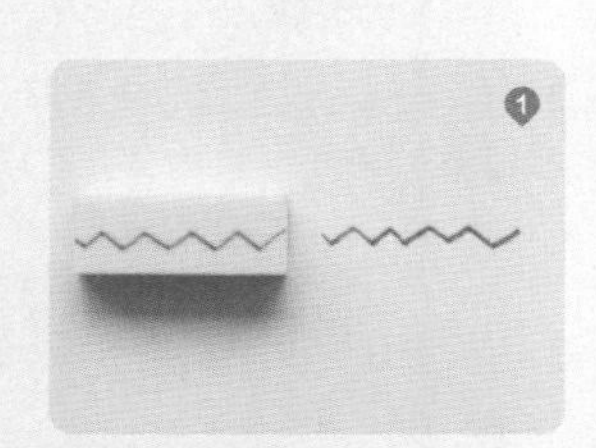

1. 将画好的折线转印到橡皮砖上。

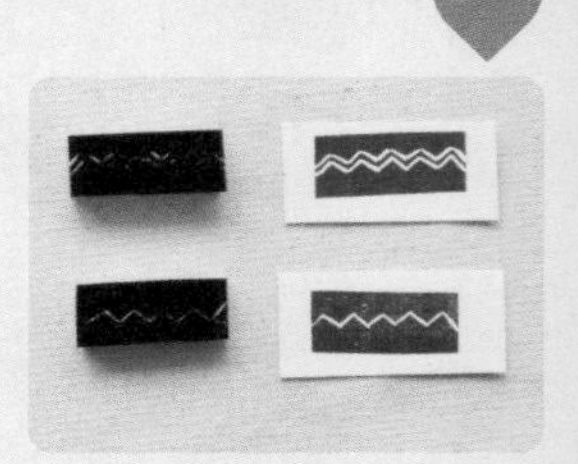

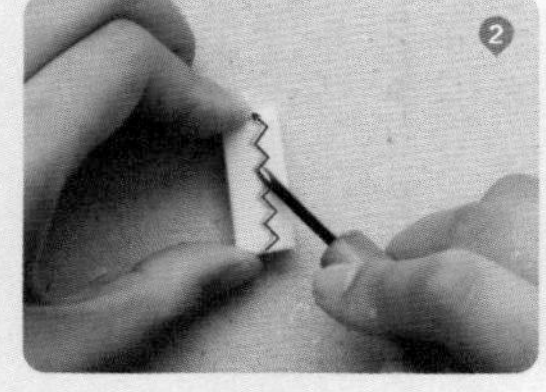

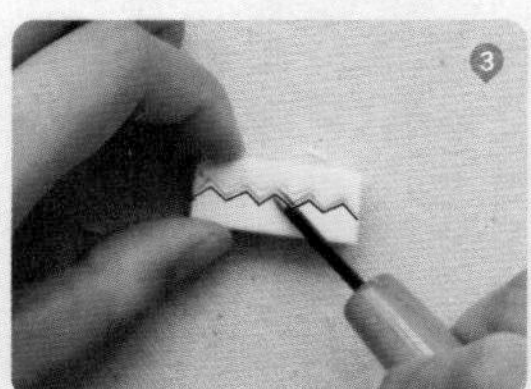

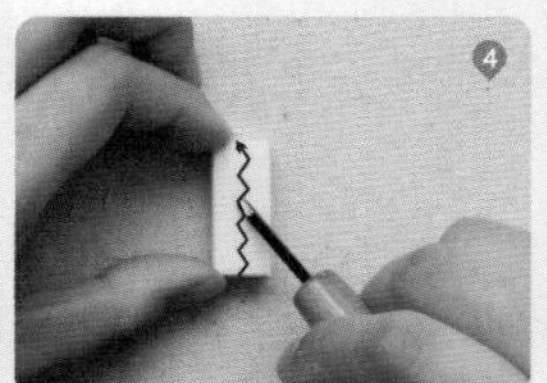

2~3. 用角刀沿着折线边缘剔除废料。

4. 盖印图中第二款折线的雕刻方法：用角刀沿着图示方向雕刻。

曲线

刻刀刻曲线

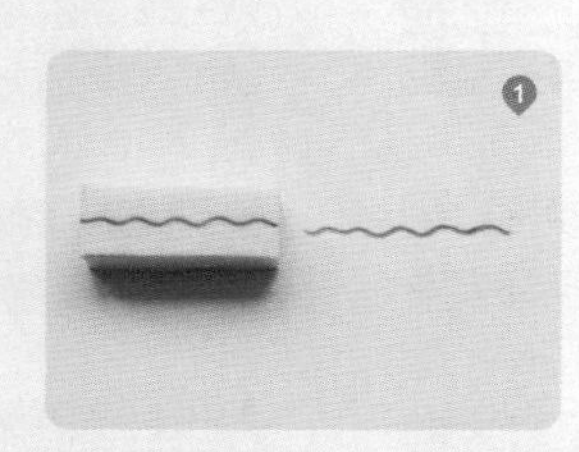

1. 将画好的曲线转印到橡皮砖上。

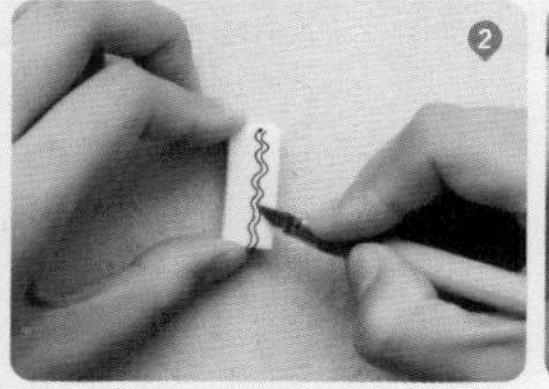

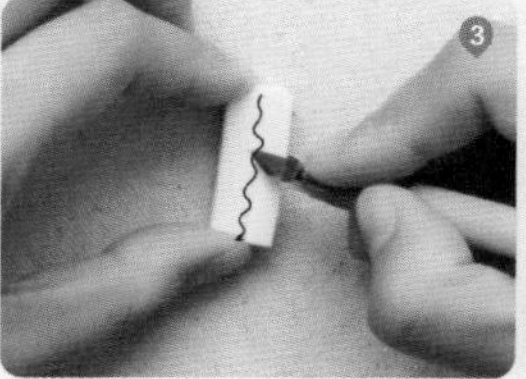

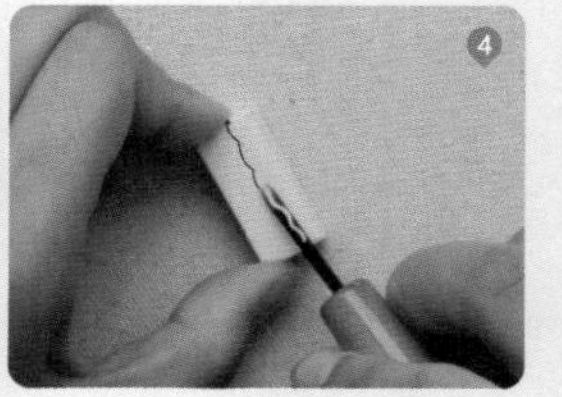

2~3. 用笔刀沿着曲线边缘剔除两边的废料，可以用角刀直接剔除边缘。

4. 盖印图中第二款曲线的雕刻方法：如图示方向转动橡皮砖雕刻。

基础图形雕刻

我创作橡皮章图案从正方形、三角形、圆形和菱形这四种图形入手。因此，掌握这四种基本图形的雕刻方法对接下来刻章大有帮助。

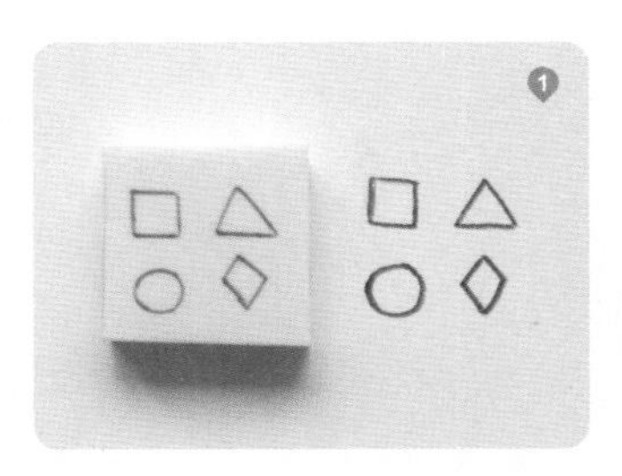

1. 将画好的图形转印到橡皮砖上。

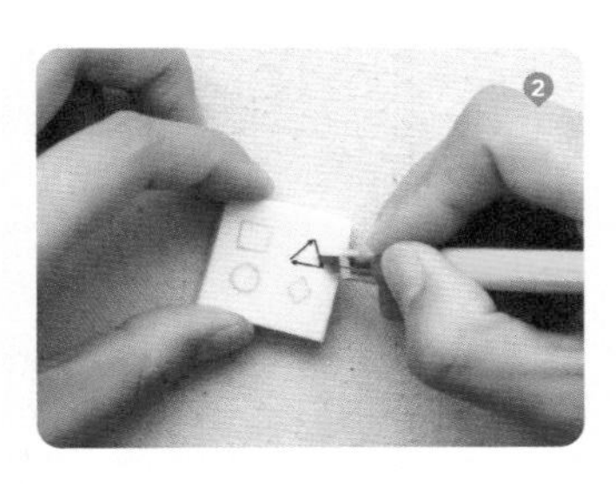

2. 雕刻三角形：沿着图示方向将笔刀倾斜30度深深插入橡皮砖内。三条边缘分三步雕刻，不需要连着雕刻。

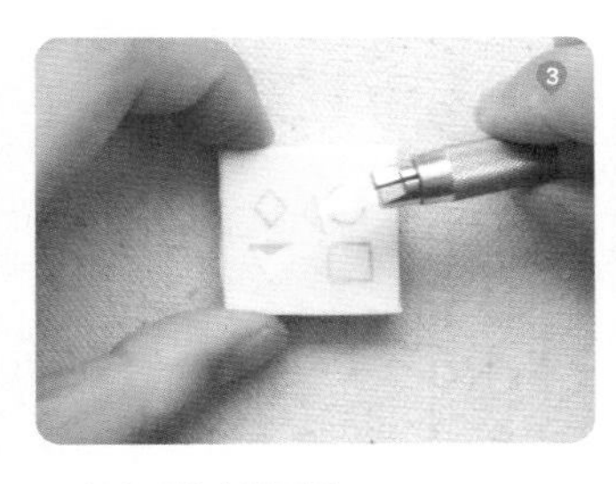

3. 完成后将废料剔除。

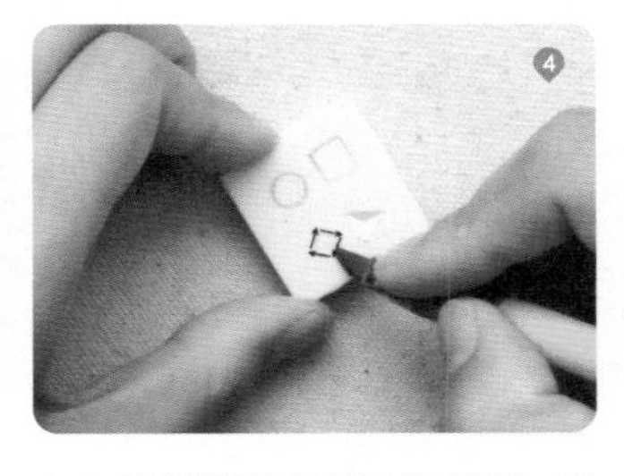

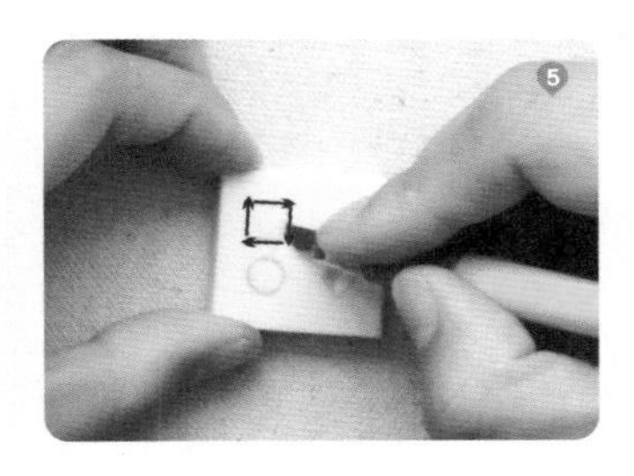

4~5. 雕刻菱形和雕刻正方形相似，雕刻方法如图所示，四条边依旧分四步雕刻完毕。

6. 完成后将废料剔除掉。

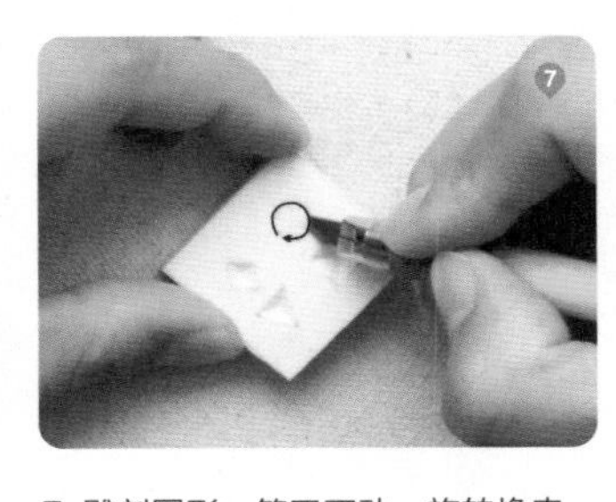

7. 雕刻圆形：笔刀不动，旋转橡皮，如图示。

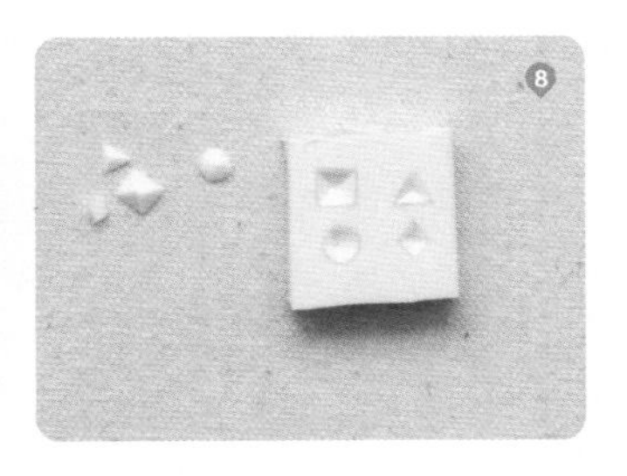

8. 用笔刀将图案的内部挖空。

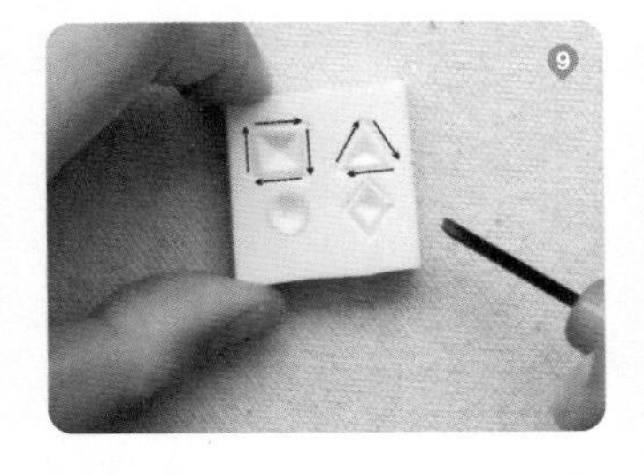

9. 再用角刀如图示将外轮廓剔除干净。

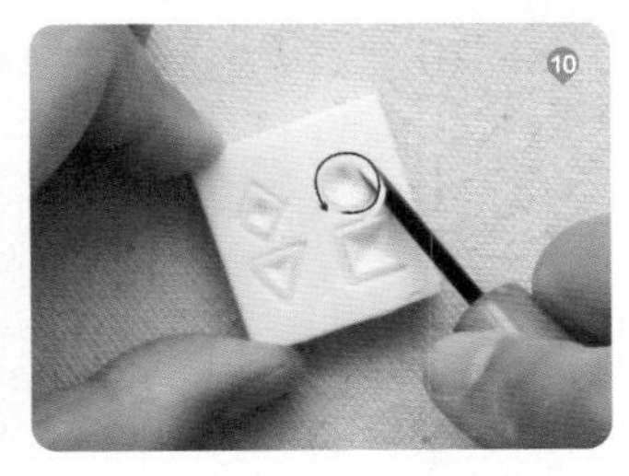

10. 三角形、菱形、正方形的雕刻方法基本一致，只有圆形稍微难一些，需要左手旋转橡皮，右手持刀不动。

橡皮章的留白

橡皮章留白，一般可使用丸刀或角刀。

丸刀刻出的留白可以完全剔除不需要的废料；角刀刻出的留白会留下一些自然的肌理，给人版画的感觉。不同风格的作品，应配合使用不同的留白方式。

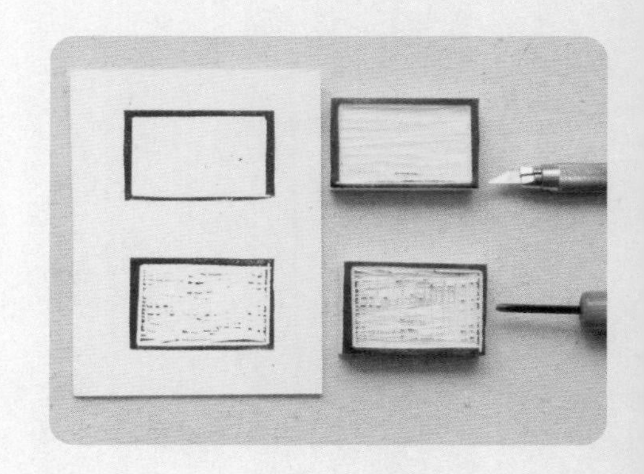

丸刀刻留白

1~2. 用大号丸刀顺着固定的方向，整齐地剔除不需要的废料。

3~4. 再剔除一遍，顺着刚才的方向把稍高的部分剔除掉。留白部分盖在印片上应是不留任何痕迹的，如果试印时有痕迹，再用小号丸刀修正，也可以借助一些打磨工具将留白表面打磨得更平整。

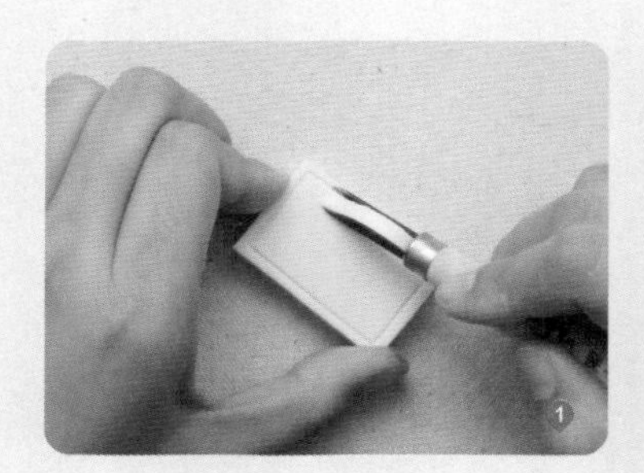

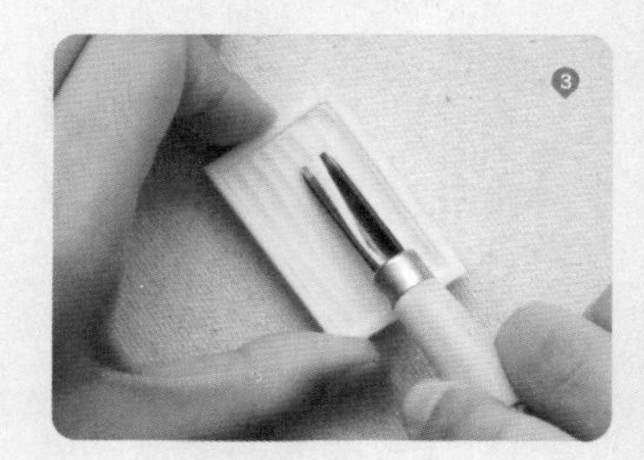

角刀刻留白

1~2. 顺着箭头所指方向进行第一遍剔除，不需要很规整，但是要按照固定方向进行。

3~4. 再把橡皮横过来进行第二遍剔除，依旧是整齐地按照固定方向进行。

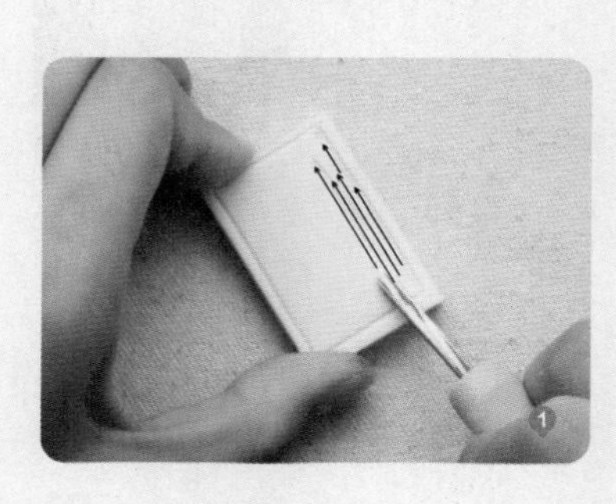

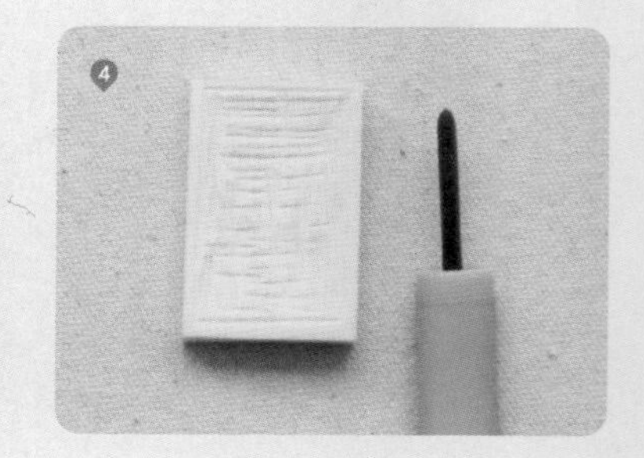

基础练习：叶子

1. 将设计好的图案用HB铅笔描到描图纸上，或者将图案打印出来对着描图。

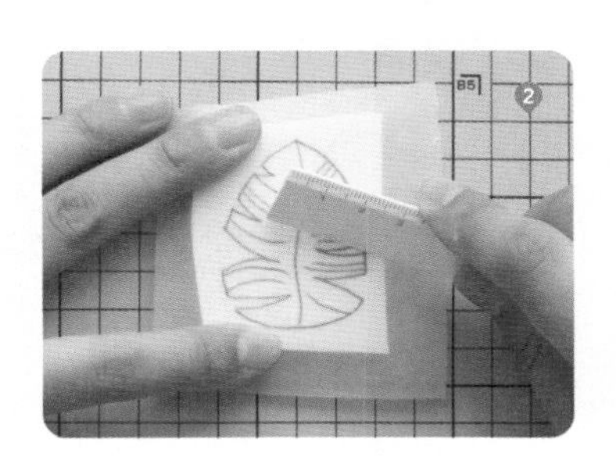

2. 将描图纸有图案的一面朝向橡皮砖，用尺子均匀地刮描图纸的背面。

3. 转印完后如果有不清楚或没有印上去的地方，可以重新将描图纸上的图案对准橡皮砖，再印一遍。

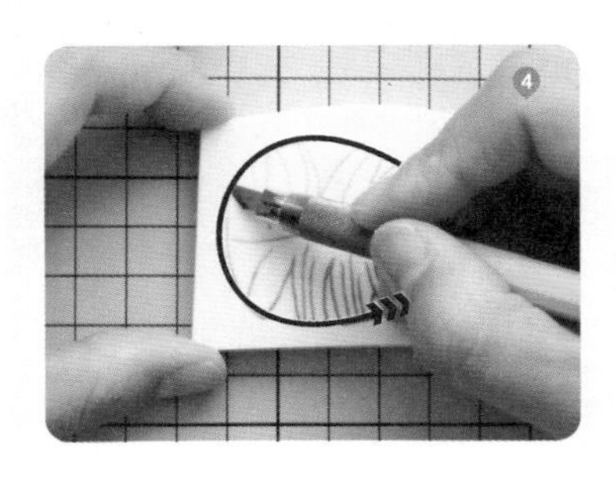

4. 雕刻轮廓：笔刀倾斜30度贴着图案轮廓，按照图示方向进行雕刻。

5. 按照图示方向，再进行外轮廓的雕刻。

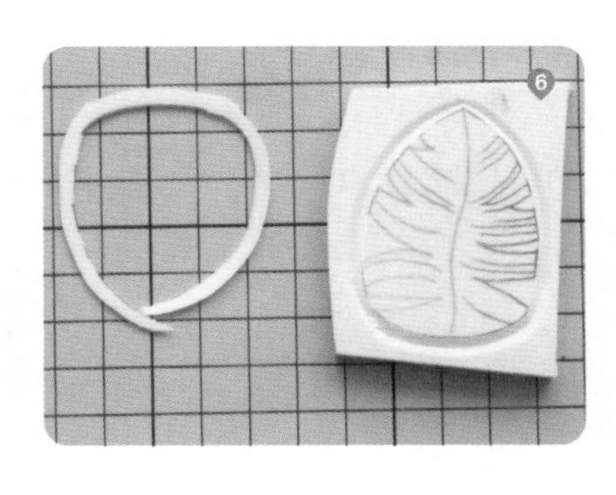

6. 雕刻完毕，剔除废料。

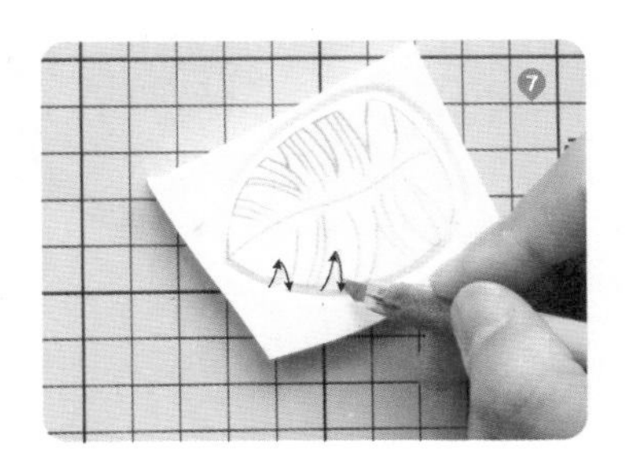

7. 用笔刀按照图示方向把叶子的细节雕刻出来。

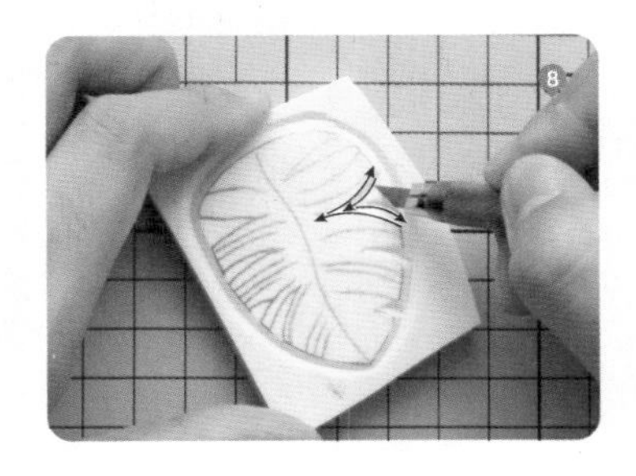

8. 叶子的大缺口处先用笔刀雕刻出轮廓。

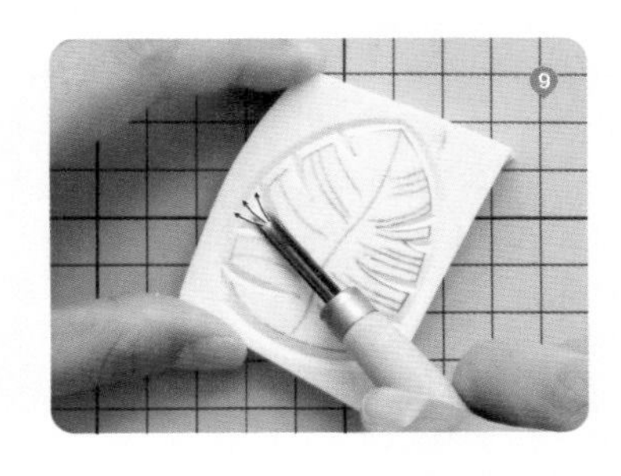

9~10. 用小号丸刀按照图示刻出留白。

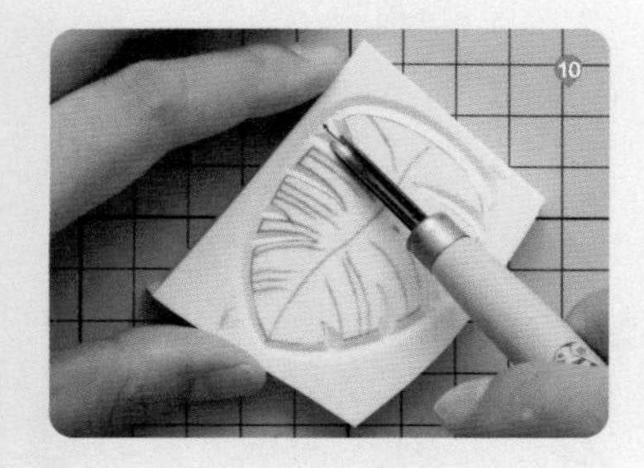

11. 用小号角刀按照图示方向刻出叶子的脉络，并用角刀剔除掉其他的线条。

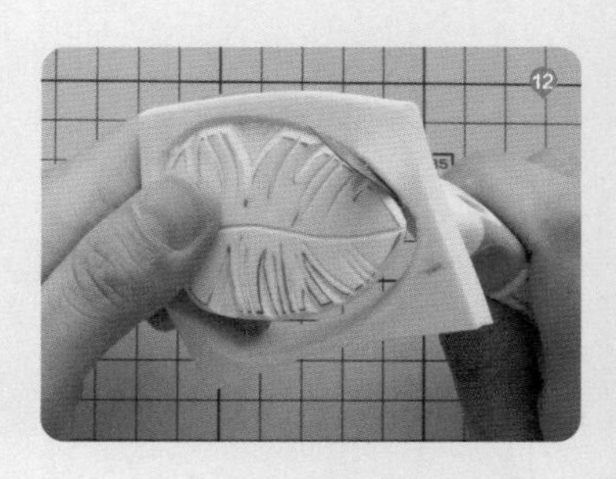

12. 用美工刀将叶子边缘去掉。叶子的外边缘曲线较多，可以拿起来雕刻，这样边缘比较圆滑。左手捏紧橡皮砖，右手持美工刀，轻轻转动橡皮砖。如果不是太熟练，可以直接将橡皮砖放在切割板上一点点地切。

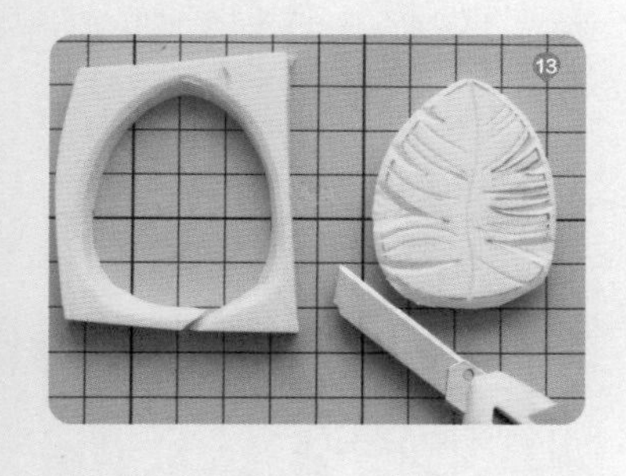

13. 边缘切除完成。

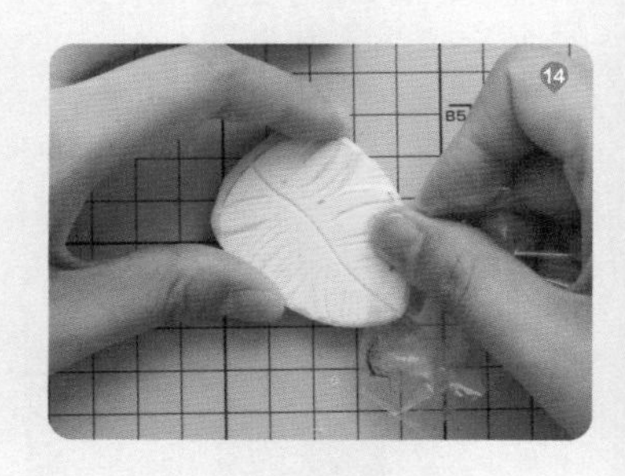

14. 用宽透明胶带把铅笔印一点点蹭掉。注意，用胶带粘是粘不干净的，要用胶带蹭。

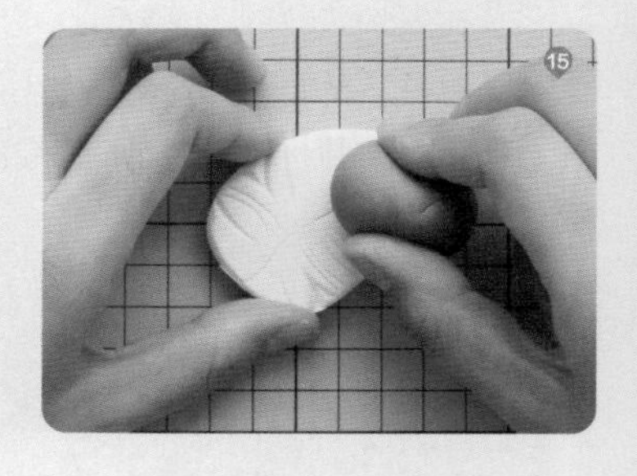

15. 完成之后用可塑橡皮把表面的橡皮渣粘掉。

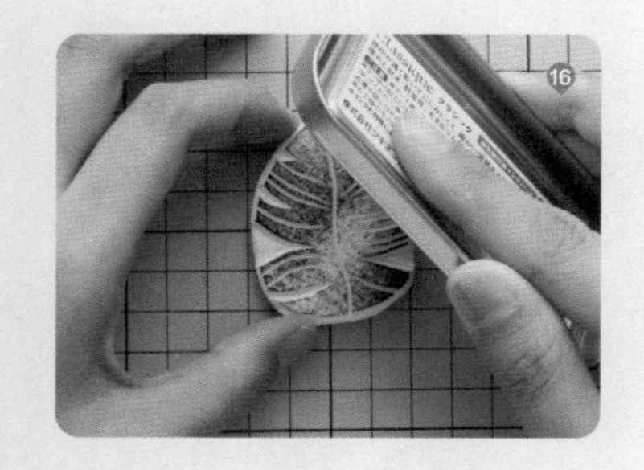

16. 用印台拍色的时候，要把橡皮章放在桌面上。

17. 拍色均匀即可。

18. 盖印到准备好的卡片纸上，盖印的时候用手轻轻按压，力气不可太大，避免图案变形。印完后要果断抬起橡皮章，以免弄脏印片。

角刀练习：橡果

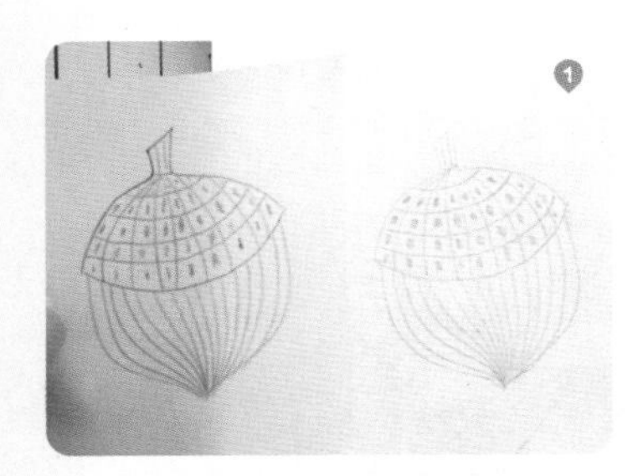

1. 将设计好的图案描到描图纸上。如果图案过于复杂，可以用窄胶带固定描图纸，再进行描图。

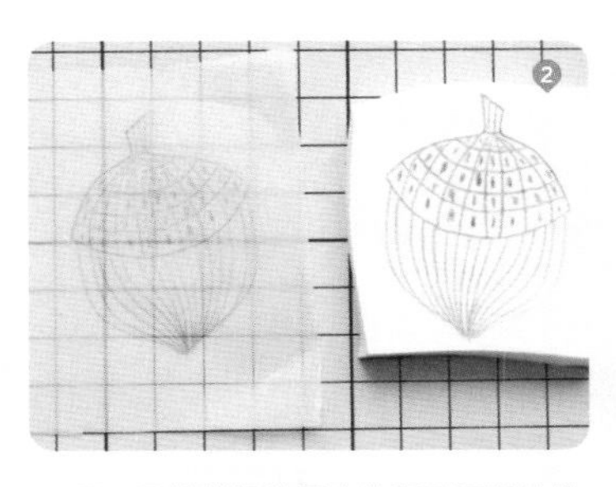

2. 用尺子将描好的图案转印到切好的橡皮砖上。

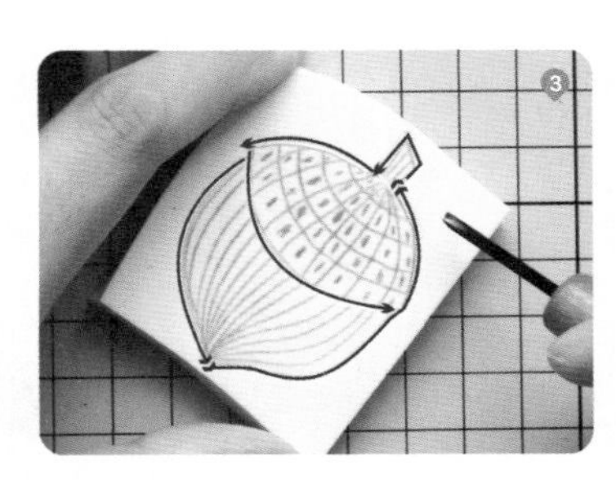

3. 用小号角刀按照图示的方向，将橡果的边缘剔除掉。

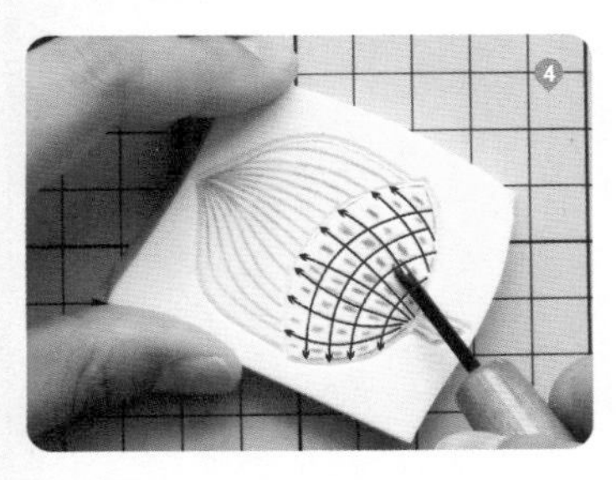

4. 将橡果上半部分的线条雕刻出来。

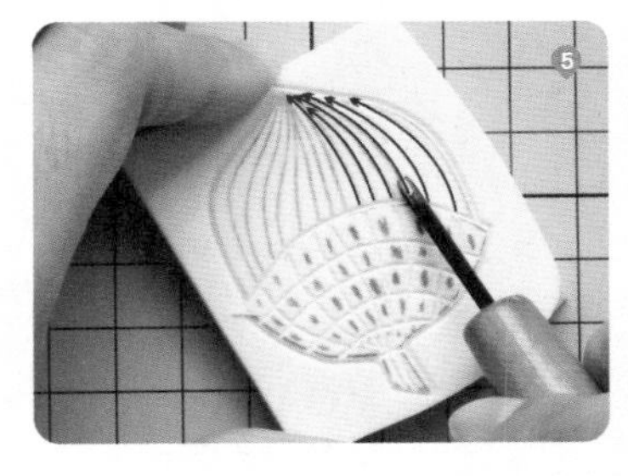

5. 用角刀将橡果的下半部分线条雕刻出来。

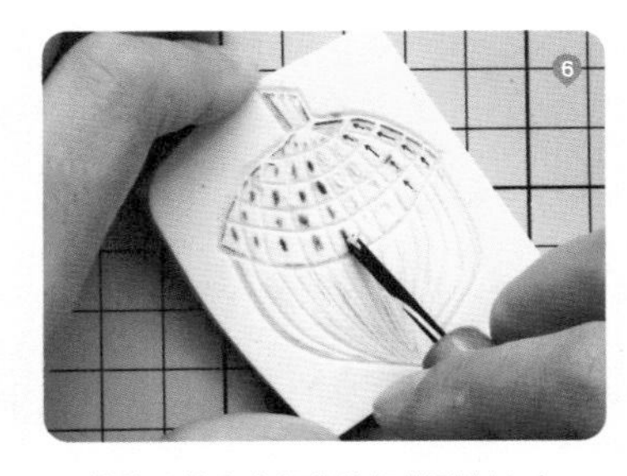

6. 将橡果的上半部分的细节雕刻出来。

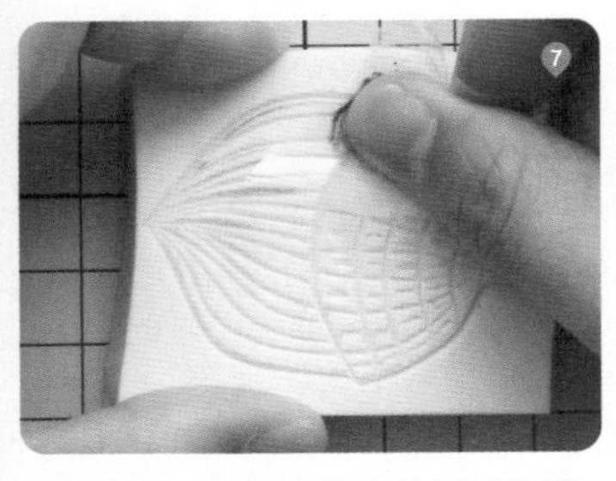

7. 用宽透明胶带清理橡皮章上的铅笔印。

8. 用美工刀将边缘切掉。

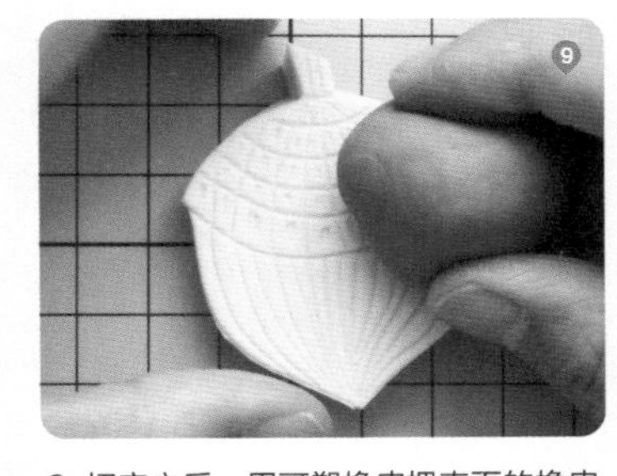

9. 切完之后，用可塑橡皮把表面的橡皮渣粘掉。

10. 用印台拍色。

11. 盖印完成。

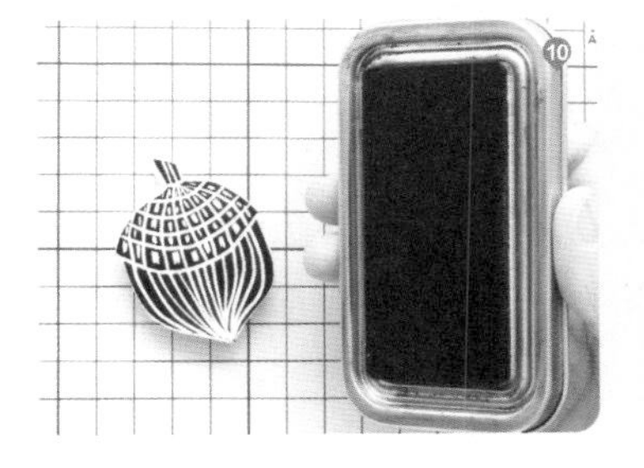

角刀刻刀练习：魔法师

1. 将设计好的图案描到描图纸上。

2. 用尺子将描好的图案转印到切好的橡皮砖上。

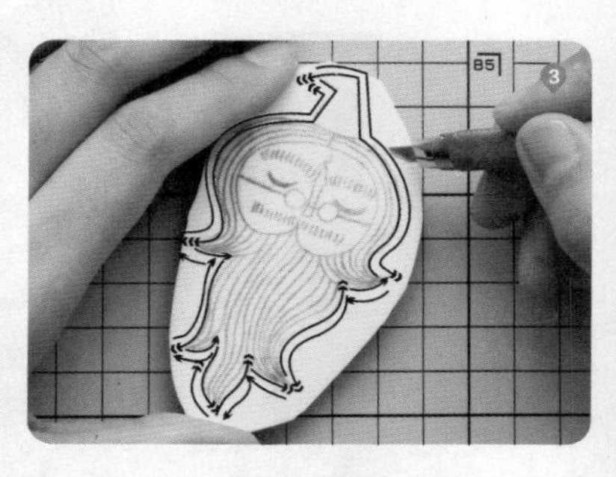

3. 按照图示，先用笔刀将魔法师的外轮廓雕刻出来。

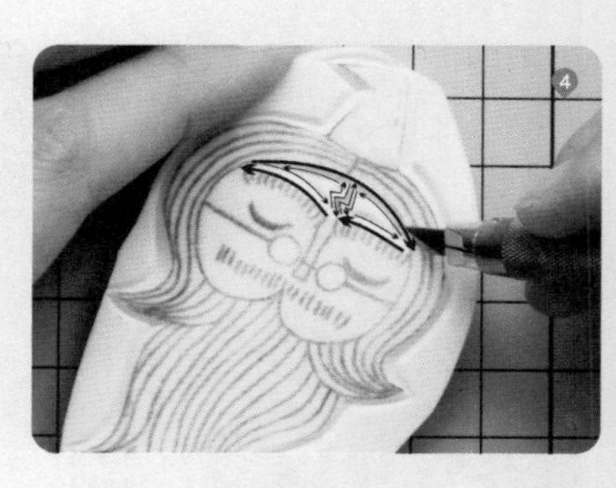

4~6. 按照图示，用笔刀把魔法师脸部的细节雕刻出来。

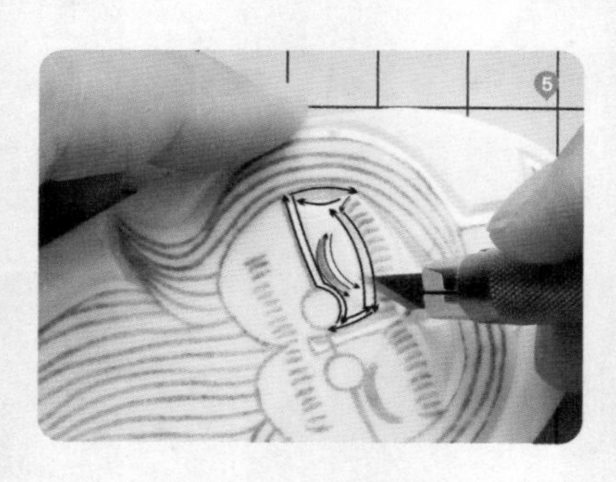

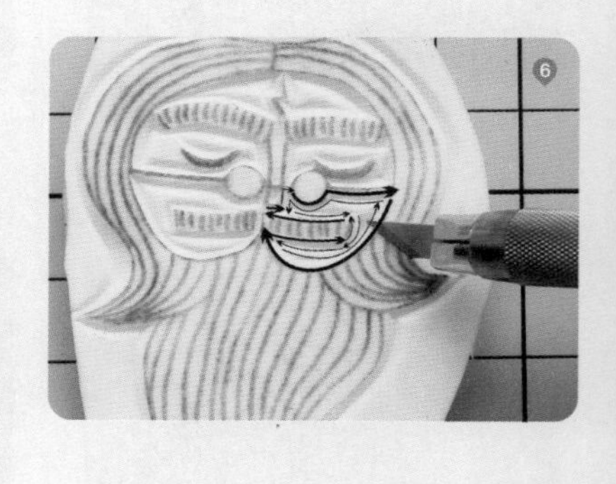

7. 按照图示，用笔刀把魔法师的胡子雕刻出来。

8. 笔刀刻完换角刀，按照图示把帽子的细节雕刻出来。

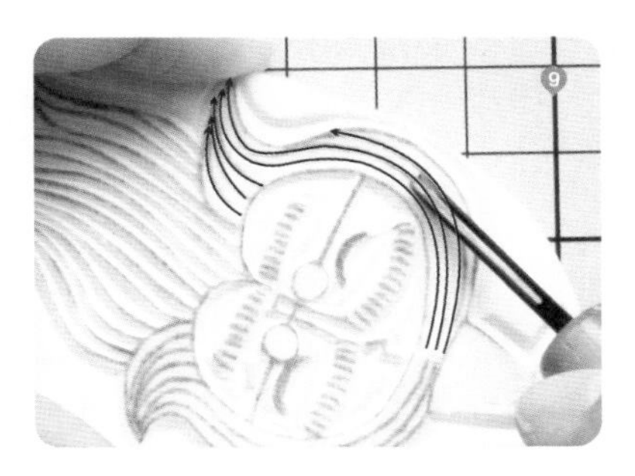

9. 按照图示，用角刀把头发雕刻出来。

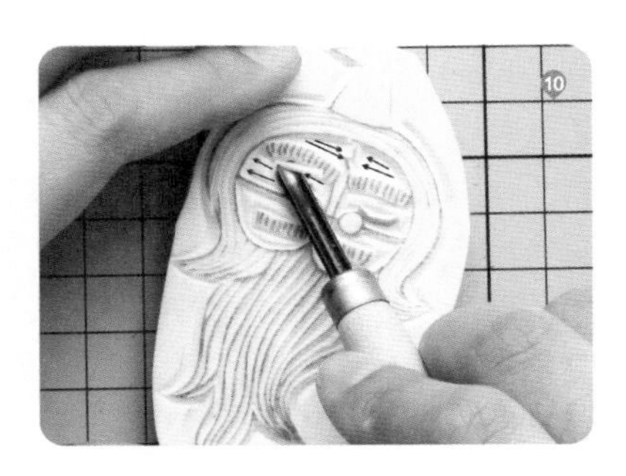

10. 换小号丸刀，把脸部的留白挖出来。

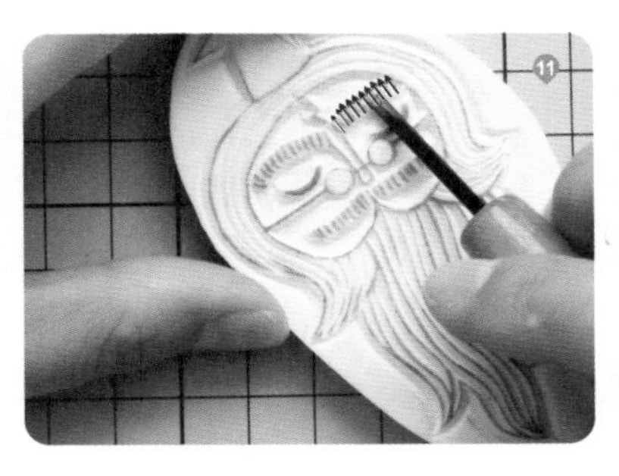

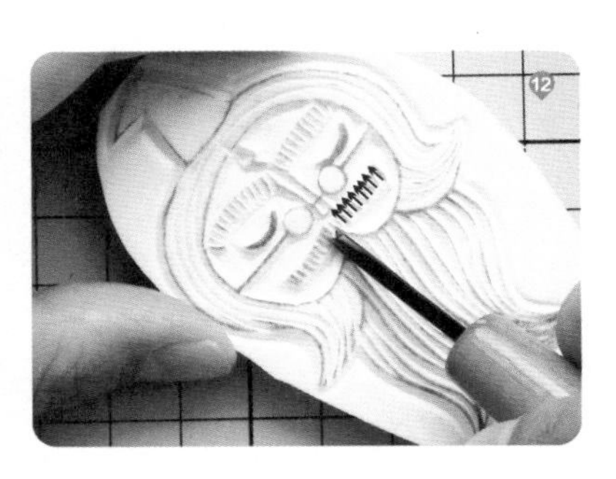

11~12. 换角刀，按照图示把魔法师的眉毛、胡子雕刻出来。

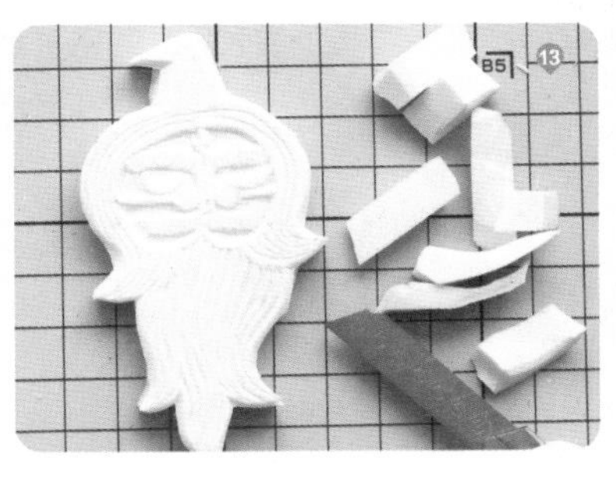

13. 用胶带粘掉铅笔印，再用美工刀将边缘废料切掉。

14. 切完之后，用可塑橡皮把章子表面的橡皮渣粘掉。

15. 较复杂的图案，可以用浅色水性印台拍在刻好的橡皮章上试印。因为浅色比较好清洗，如果发现有错误的部分，再进行修改。

16. 试印没有问题，再盖印到准备好的卡纸上。

角刀刻刀练习：鸟女王

1. 将设计好的图案描到描图纸上。

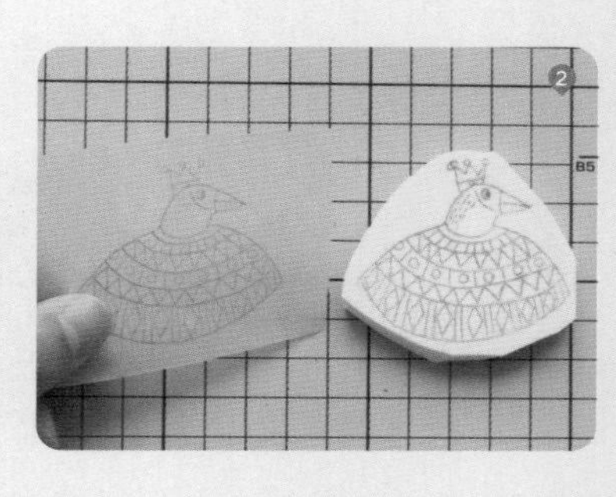

2. 用尺子将描好的图案转印到切好的橡皮砖上。

3. 按照图示，用笔刀将鸟女王的外轮廓雕刻出来。

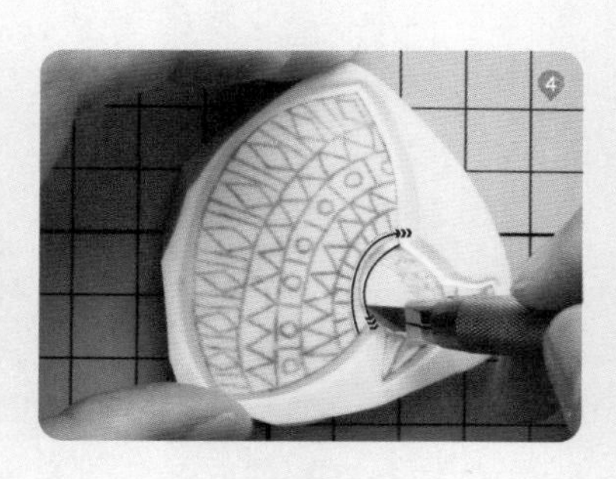

4. 按照图示，用笔刀将脖子下边的图案雕刻出来。

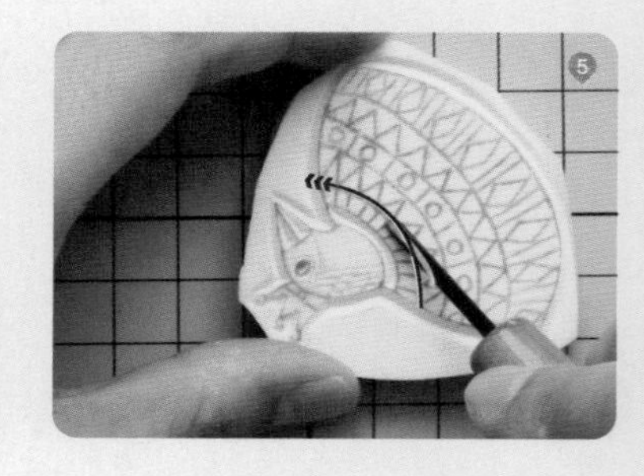

5~6. 换角刀，按照图示方向剔除废料。

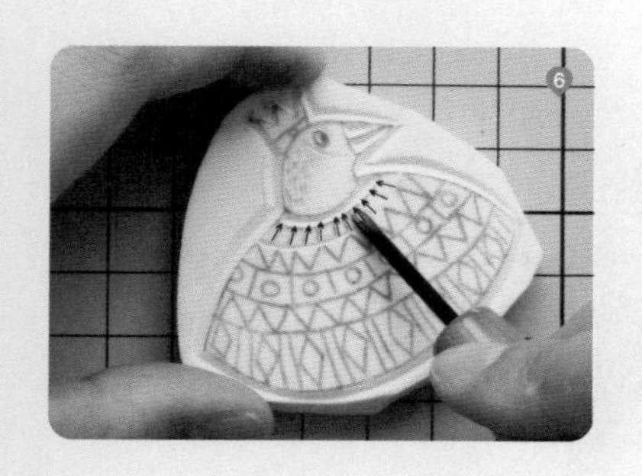

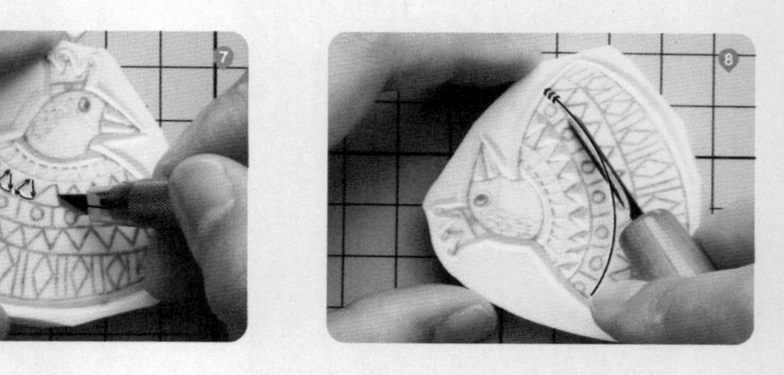

7. 换笔刀，按照图示将鸟女王衣服上的三角形剔除掉。

8. 换角刀，按照图示方向剔除废料。

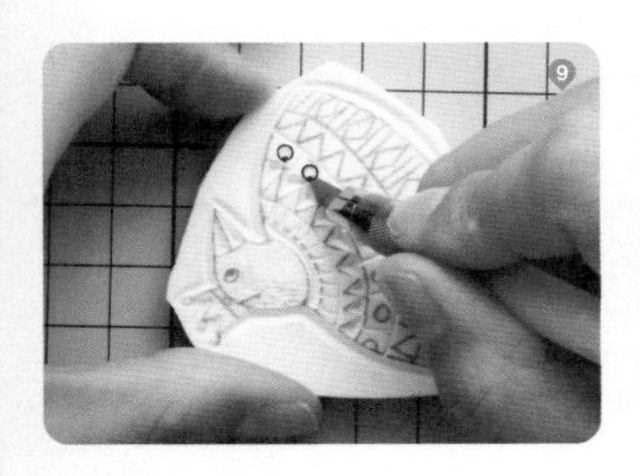

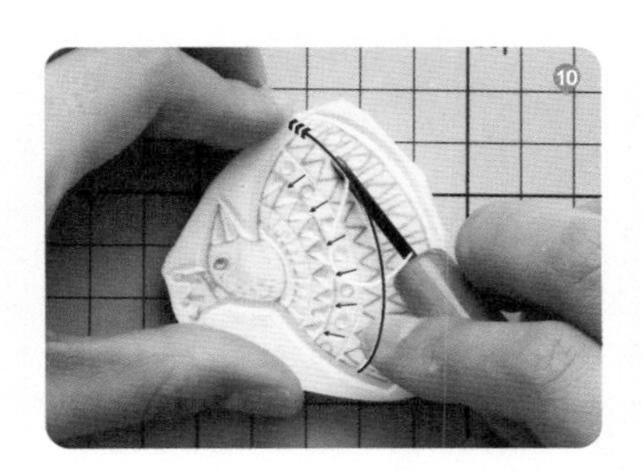

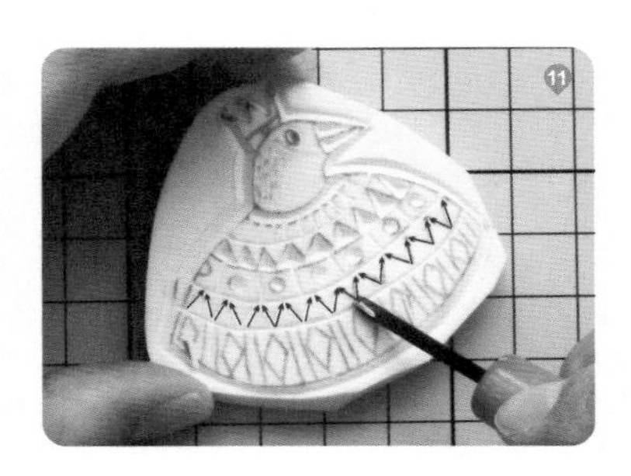

9. 换笔刀，按照图示将鸟女王衣服上的圆形剔除掉。雕刻圆形时，笔刀不动，旋转橡皮砖。

10~11. 换角刀，按照图示方向剔除废料。

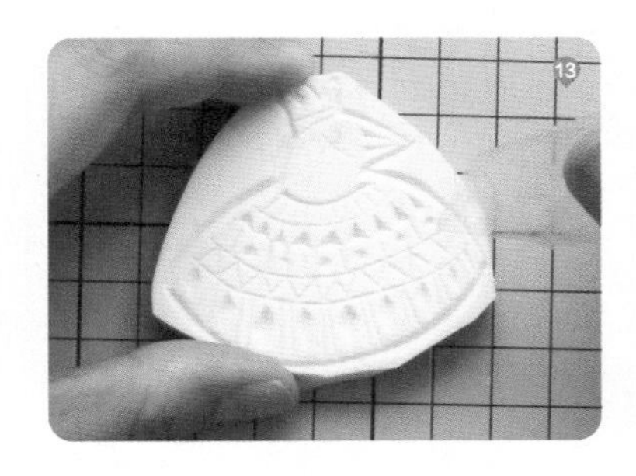

12. 继续用角刀，按照图示方向剔除废料。再换笔刀，按照图示将鸟女王衣服上的菱形剔除掉。

13~14. 用胶带蹭掉铅笔印，再用美工刀将边缘废料切掉。

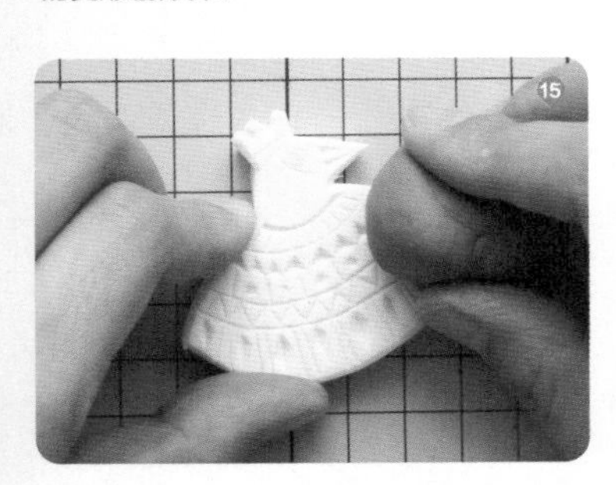

15. 切完之后，用可塑橡皮把橡皮章表面的橡皮渣粘掉。

16. 用浅色水性印台试印。

17. 试印没有问题，再盖印到准备好的卡纸上。

阴刻与阳刻：房子

橡皮章图案的表现方式有三种——阳刻，阴刻，阴阳结合。

阳刻以线条为主，阴刻以面为主。在设计之前要想好用什么形式能更好地表现你所设计的图案。

*左边房子为阳刻效果，右边为阴刻效果。

PART 3 基本套色方法

图形套色练习：太阳

图形套色过程中，可以利用小图形进行重复上色，这样可以节约雕刻时间，还可以用多种颜色丰富画面。

1. 把设计好的太阳图案和用来套色的菱形雕刻出来。

2. 将太阳图案盖印到印片上。

3~4. 用菱形拍上颜色，一层一层地上色。

5. 套色完成。

套色方法练习：菠萝

1. 准备好刻好的菠萝图案橡皮章，多个颜色的印台，卡纸。

2. 用黄色水滴印台先拍上菠萝果子的颜色。

3. 再用绿色水滴印台拍上菠萝叶子的颜色。

4. 盖印完成。水滴印台的好处就是能够局部上色，而用大些的印台上色容易混色。

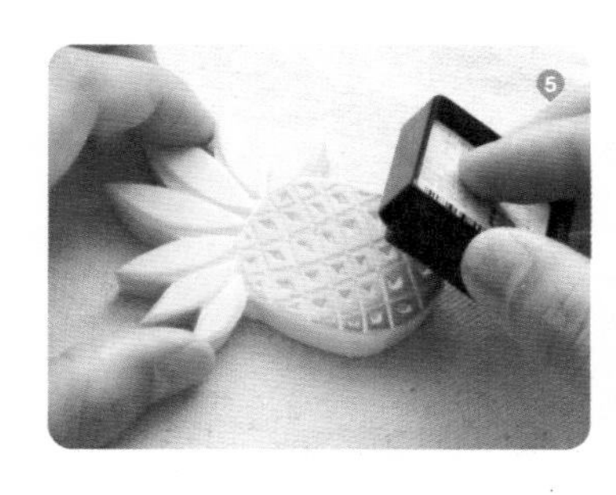

5~6. 先用黄色水滴印台给菠萝果子上色，再用稍微深点的颜色给底部上色。

7~8. 叶子的上色方法跟果子一样，用两种不同的绿色上色。

9. 盖印完成。

套色练习

绅士

盖完一个颜色后要将橡皮章清洗干净，再进行套色。

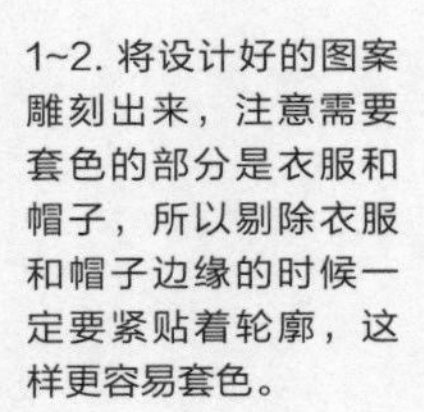

1~2. 将设计好的图案雕刻出来，注意需要套色的部分是衣服和帽子，所以剔除衣服和帽子边缘的时候一定要紧贴着轮廓，这样更容易套色。

树

同一个树干，结合不同形状的树冠，可以节省时间。

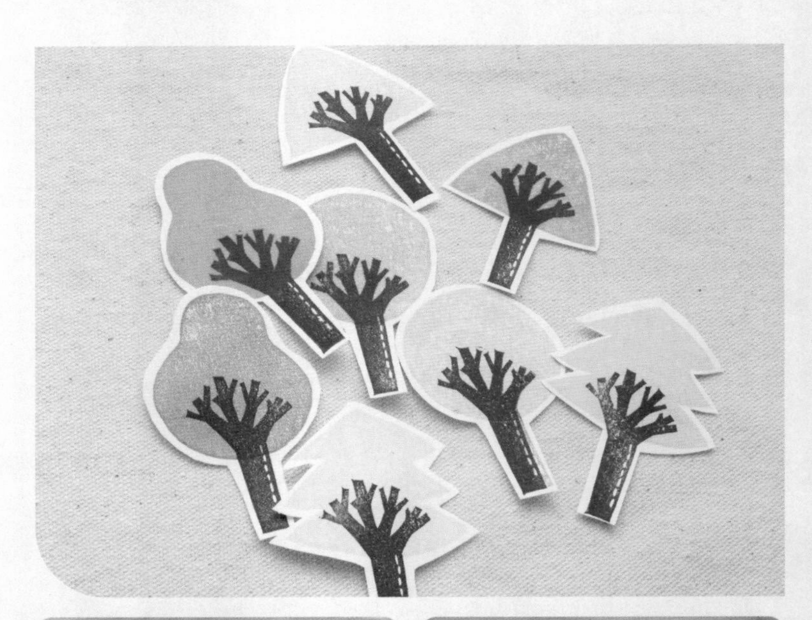

1~2. 上色的时候可以用铅笔轻轻在卡纸上定好位置，以免印偏产生废片。

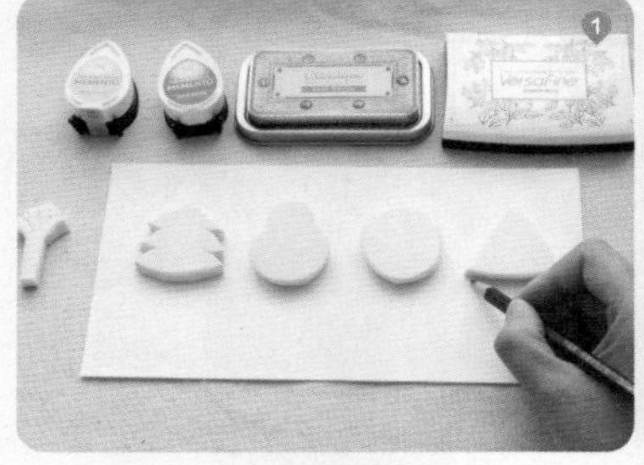

好运女孩

巧用上色工具，可塑橡皮也是一个很好的上色工具。可以将可塑橡皮捏成大小不同的球进行局部上色，节省雕刻时间。

1~2. 对一些稍微复杂的图案来说，可以先用彩铅画上需要套的颜色，这样容易区分雕刻的部位。

3. 脸部和领子是需要套色的，所以切割这两个橡皮章的时候一定要紧贴边缘。

4. 将可塑橡皮捏出红晕大小的球，直接上色。套色完成。

重叠套色练习

1~2. 用彩铅在草图上标上颜色，转印到橡皮砖上进行雕刻。

3. 套色之前要定好主体位置，这幅画的主体就是花瓶房子。

4. 在定好主体位置的情况下依次套色，首先印确定好位置的图案。

5. 再用另一种稍浅的绿色套色，有些图案过于复杂，没有办法将边缘雕刻得很细致，那就选一两个点进行仔细雕刻，对好这两个点来套色。

6~7. 依次将花朵印好。

8. 最后将地毯印上。套色完成。

PART 4 把橡皮章玩成插画

大橡皮章套色练习

和狮子一起去旅行

1. 首先用彩铅在草稿上轻轻地标上颜色，这样可以帮助我们待会儿描图的时候区分不同上色区域。

2. 将图案描在描图纸上并按图案剪成小块。剪成小块能使我们转印得更清楚。

3. 用尺子将描好的图案转印到橡皮砖上。小的图案可以用一些边角料。

4. 用美工刀将带有图案的橡皮章切割成小块，方便我们雕刻。

5. 雕刻完成之后用胶带和可塑橡皮把橡皮章表面的铅笔印和橡皮渣清理掉。

6. 对照色卡找出将要用到的颜色，参照铅笔稿试印一遍。试印完毕后如果觉得颜色不协调，可以在正式盖印的时候换掉。

7~8. 正式盖印。这个大橡皮章图案用到的定位图案有两个，一个是汽车，一个是后面的树林。当出现两个定位图案的时候，我们可以把橡皮章反过来，用铅笔在纸上沿着轮廓浅浅地画一圈标记好位置，这样能减少印歪等错误。

9. 先印好一个用于定位的主体图案。这里可以批量印，在印的过程中难免会出错而导致废片，这种情况很正常，可以调整一下避免下次出现错误。

10. 再印上树林。

11. 如果印台不小心拍到了留白上，可以用棉棒将颜色清除掉。

12. 印完之后，用橡皮擦掉之前定位留下的铅笔印。注意一定要在颜色晾干之后做这一步，不然画面很容易擦花。

13. 用SATIN RED（缎红色）印台给汽车印上颜色。常有人问我如何印得精准，我的诀窍是，首先橡皮的边缘一定要雕刻清晰，然后找到要对准的点，起码要对准两点。小汽车对准的点如图中所示。

14. 用TOFFEE（太妃糖色）印台给狮子印上颜色。狮子这块橡皮章，我特意刻得比狮子本身的轮廓大了一圈，印上之后明显会看到属于狮子身上的黄色超出黑色轮廓外了，这是刻意做出的版画效果。

15. 用RAW SIENNA（生赭石色）印台给人物的脸和胳膊印上颜色。

16. 用MISTY BLUE（迷雾蓝色）印台给车窗印上颜色。

17~20. 给狮子周围的树和草依次印上颜色。

21~23. 将后边的树依次印上颜色。

24. 图中的树叶，我用同一块橡皮章换上不同颜色重复印（当然最好用同一个色系，由浅到深），便能印出不同颜色的树叶，一章多用。

25~30. 给后半部分的树上色。

31. 给狮子周围的树继续上色。方法跟第24步一样。

32~33. 盖印近处的树叶。只需要印半个图案时，可以在印片下垫张纸，这样另一半橡皮章就不会弄脏桌面。

34~40. 继续印上其他颜色。

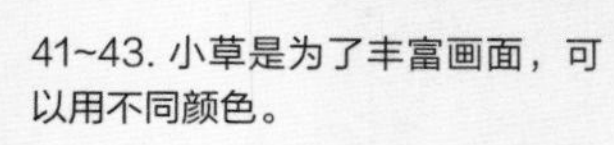
41~43. 小草是为了丰富画面，可以用不同颜色。

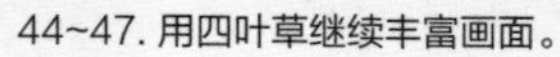
44~47. 用四叶草继续丰富画面。

48. 将车灯印上颜色。

49~50. 将可塑橡皮搓尖，用 HABANERO（哈瓦那黄色）印台给小女孩的脸蛋涂上颜色。

恐龙

1. 将设计好的图案用HB铅笔描到描图纸上。

2. 把有图案的一面对准橡皮砖转印。因为这个橡皮章较大，为防止图案移动，可以用胶带固定边缘。注意，描图纸一定要用手抹平后再贴胶带，不能出现皱褶，以免转印过程中出现误差导致图案扭曲。

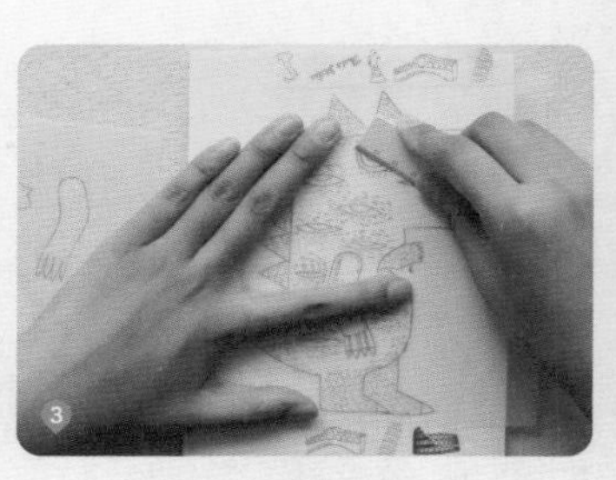

3. 用尺子均匀地刮描图纸的背面。

4. 转印完后可以掀开描图纸，查看是否有漏印的地方，如果漏印，可以继续刮。

5. 将需要套色的部分转印到橡皮砖上。

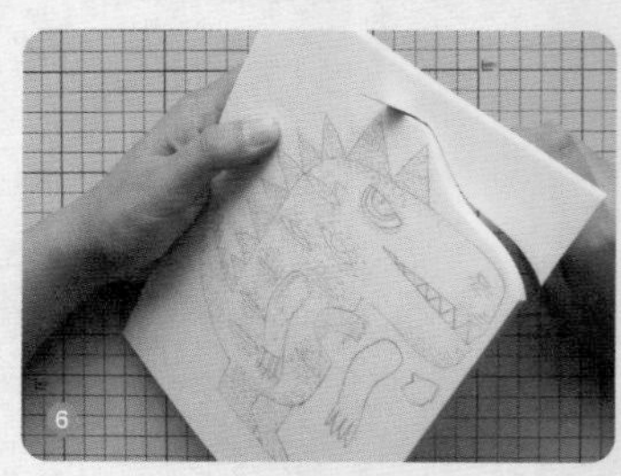

6~8. 用美工刀将图案切割下来。不需要切割得太精细，因为后期我们还要进一步切割。

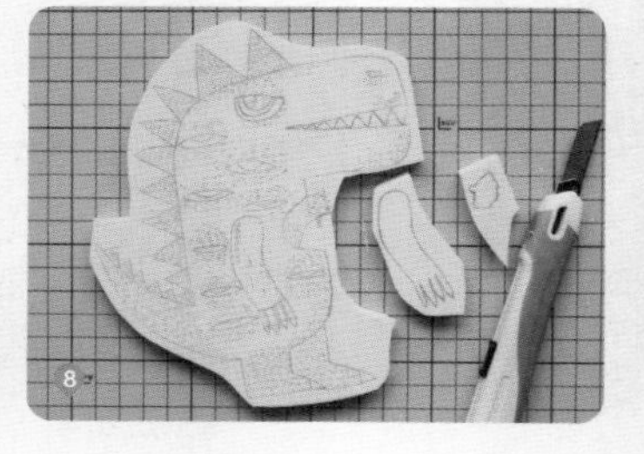

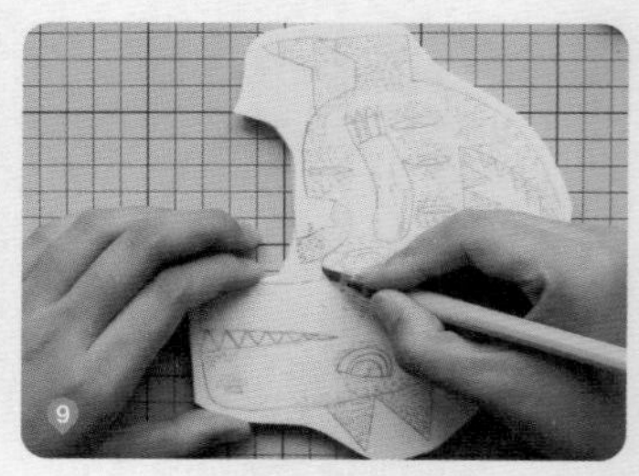

9~10. 换刻刀进行雕刻。无论橡皮章有多大，都要先将图案外轮廓雕刻出来。

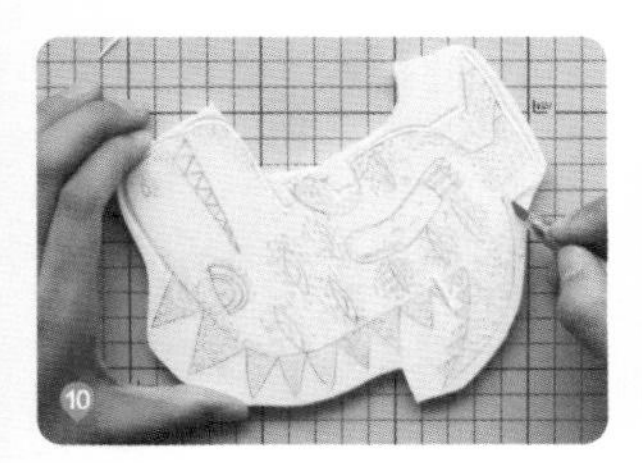

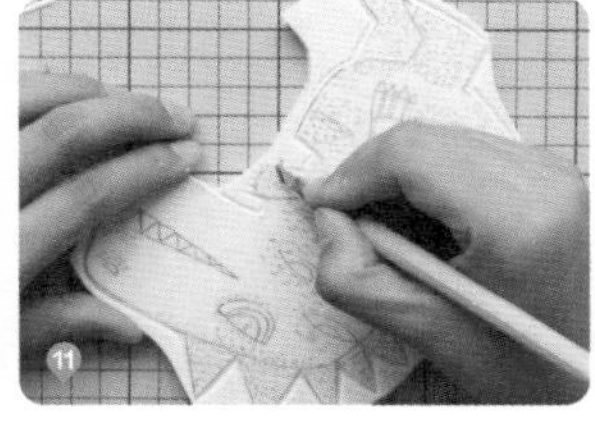

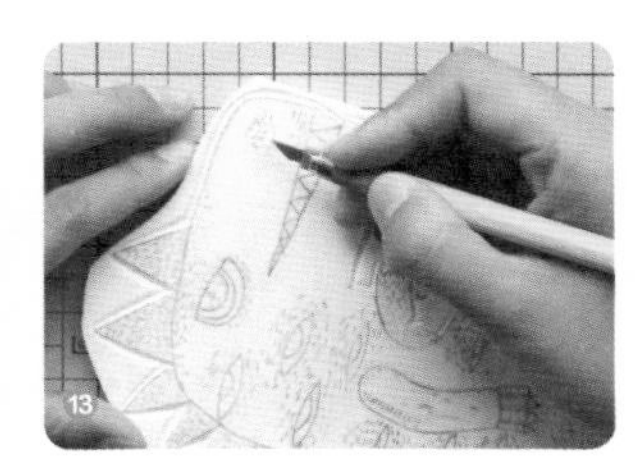

11~14. 外轮廓雕刻完毕后，继续雕刻里边需要用刻刀雕刻的细节，比如人物的眼睛、恐龙的眼睛和恐龙的鼻孔。

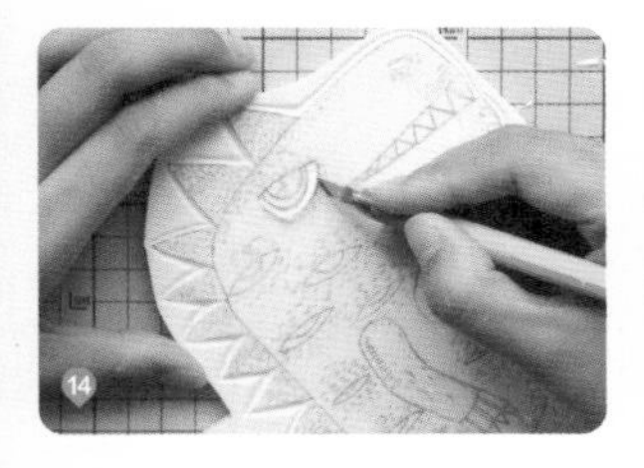

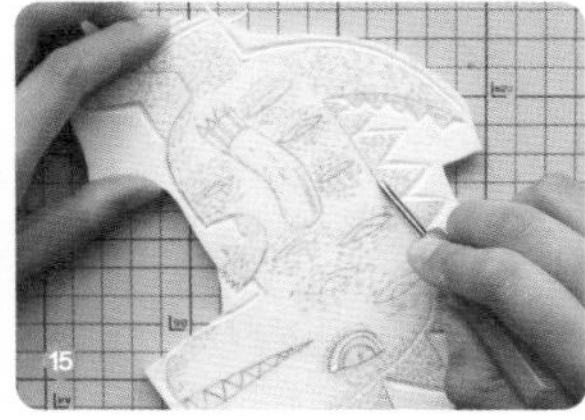

15. 换角刀，按照图示将恐龙和背部连结部分的废料剔除掉。

16. 按照图示将恐龙尾巴及连接部分的废料剔除掉。

17~18. 按照图示将恐龙脚部的废料剔除掉。

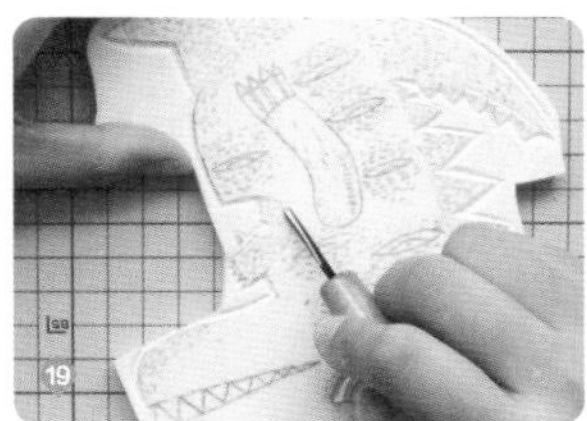

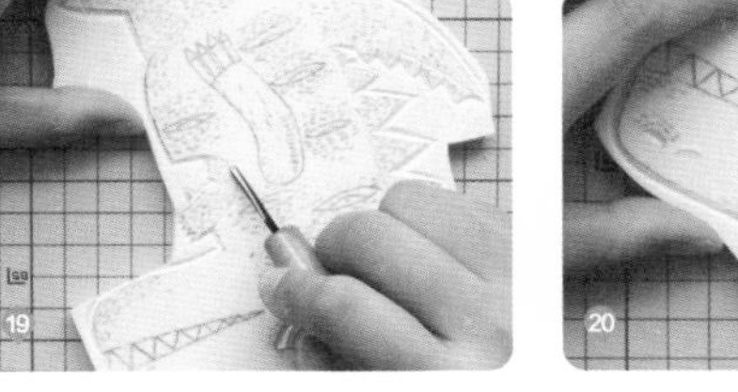

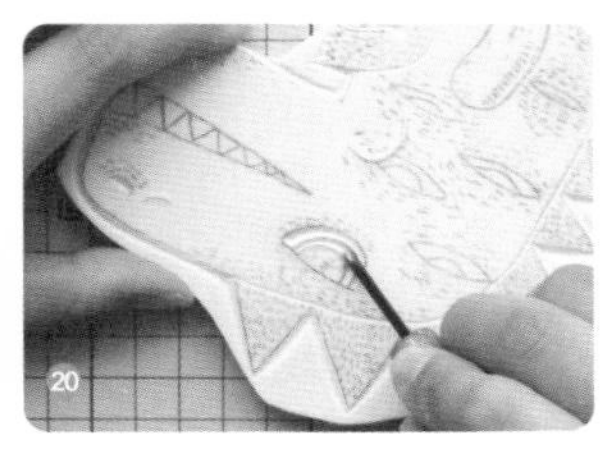

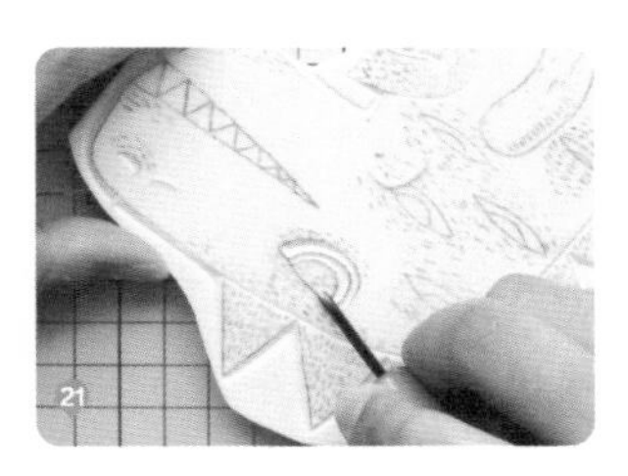

19. 将人物头发和恐龙边缘部分的废料剔除掉。

20~21. 如图示将恐龙眼睛部分的废料剔除掉。

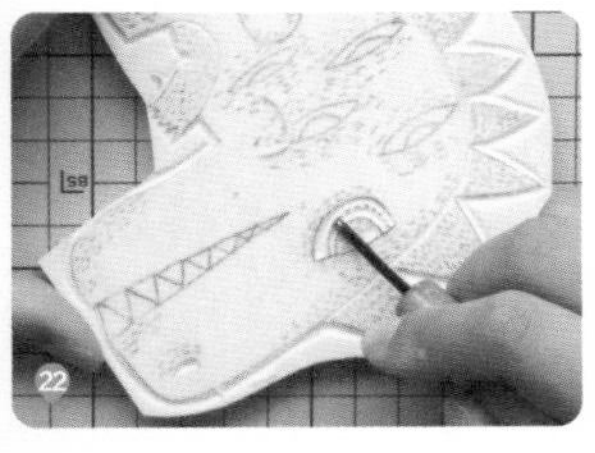

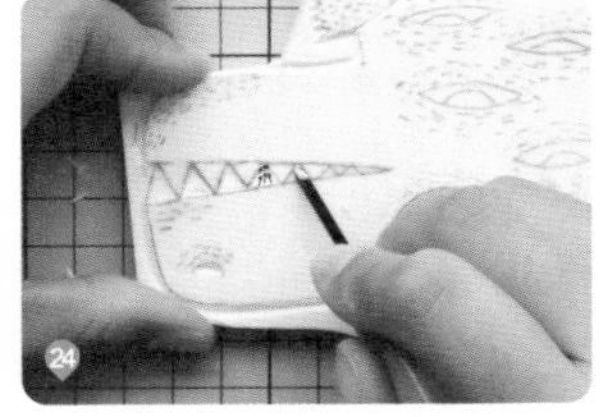

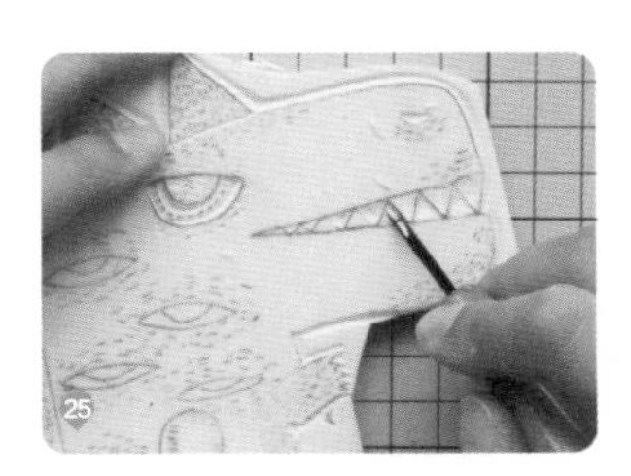

22. 眼睛里边的线条是虚线。

23. 将恐龙上眼皮和下眼皮的纹理雕刻出来。

24~25. 将恐龙的上牙和下牙雕刻出来。这里为什么要用角刀呢？因为用角刀可以做出牙齿上不规则的纹理效果，看起来更像版画。

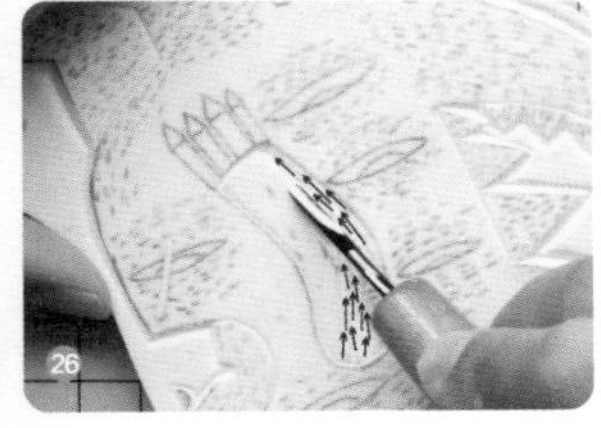

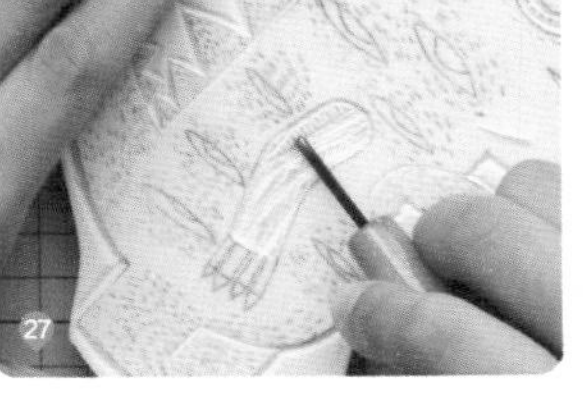

26. 雕刻恐龙的手臂。先将恐龙手臂外轮廓的废料剔除掉，再按照图示方向随意地雕刻留白。

27. 将废料剔除干净。

28. 如图示，再用角刀横向雕刻出需要的肌理部分。

29. 将恐龙爪子的废料剔除掉。

30~31. 将恐龙背鳍的纹路雕刻出来。

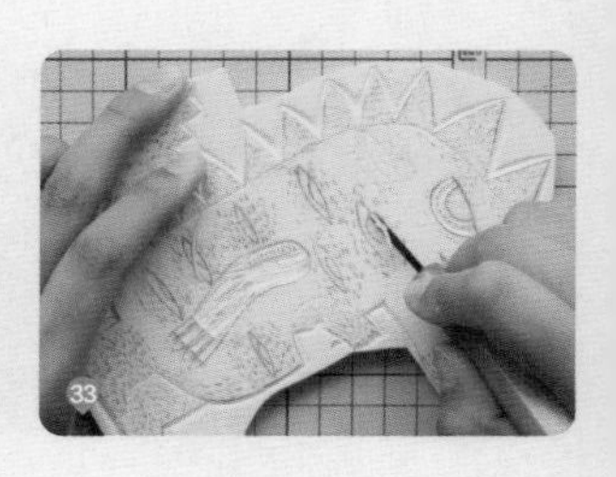

32. 将恐龙身上的纹路雕刻出来。

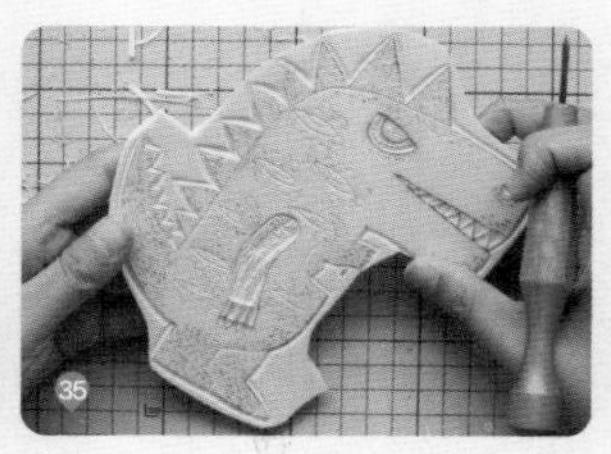

33~35. 将恐龙身上类似眼睛的纹路雕刻出来。

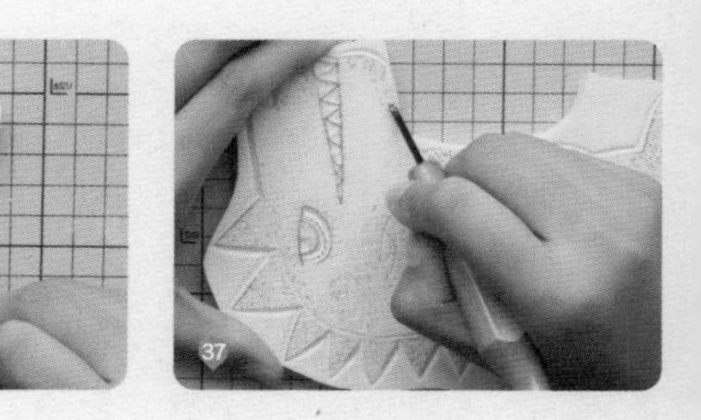

36~37. 继续精细化。

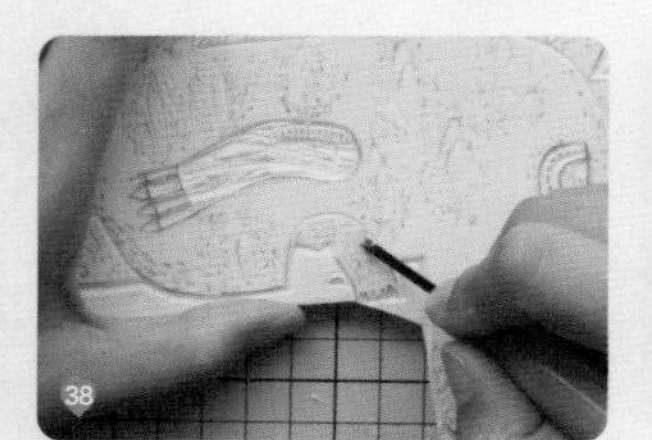

38. 将男孩头发的纹路雕刻出来。

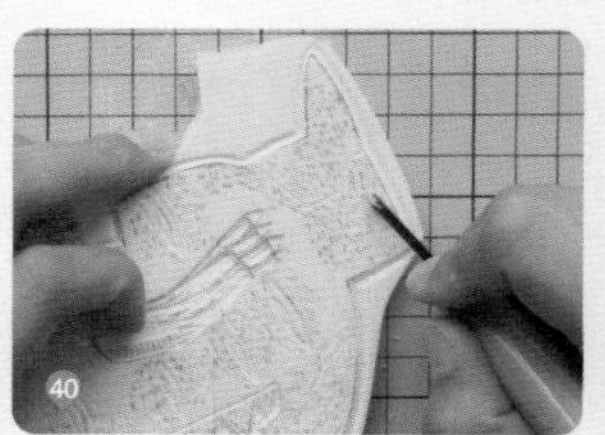

39~40. 将恐龙尾鳍和脚的纹路雕刻出来。

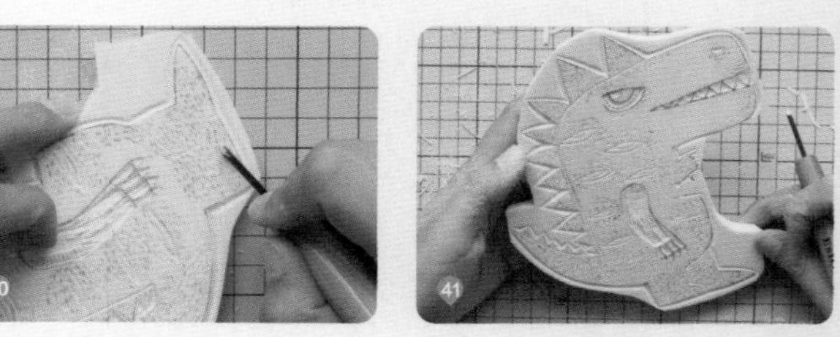

41. 恐龙图案雕刻完成。

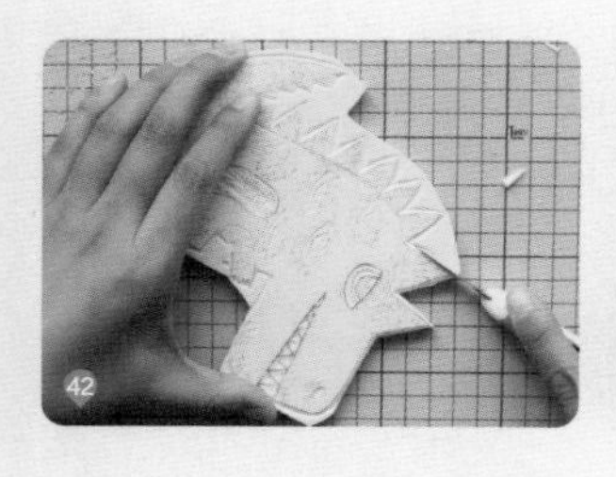

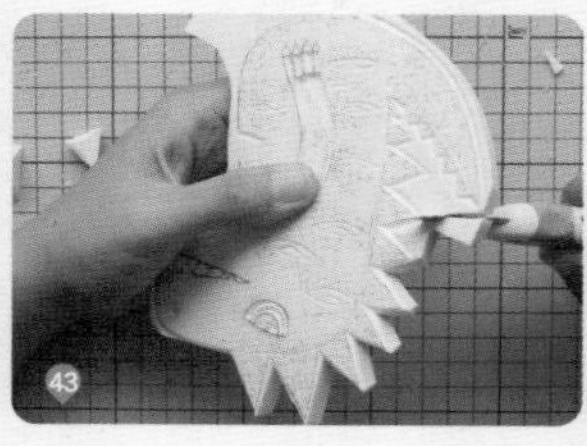

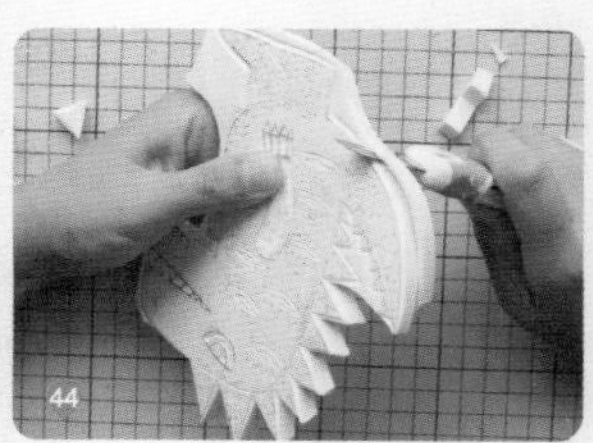

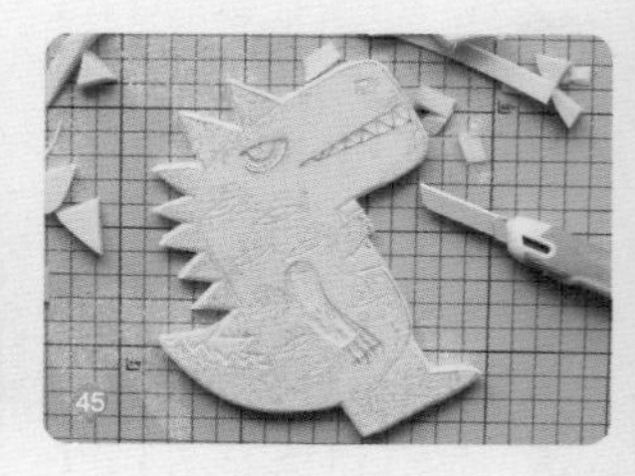

42~45. 换美工刀进行细化，将恐龙边缘的废料剔除掉。

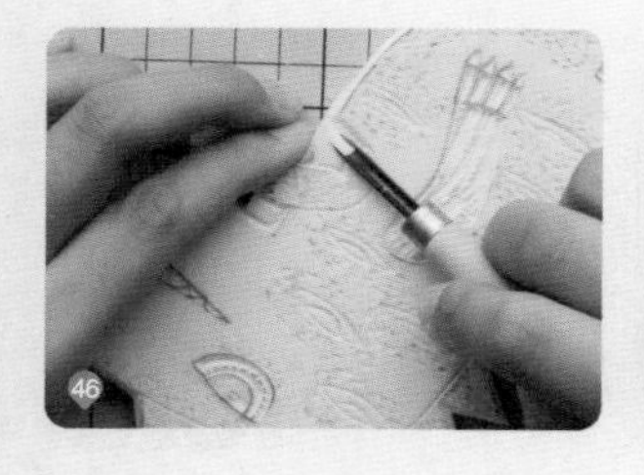

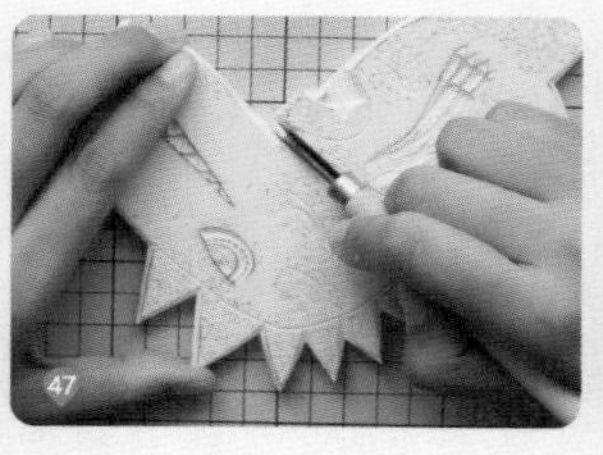

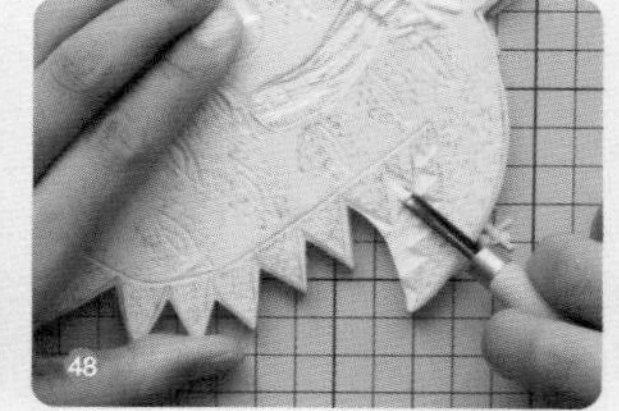

46~48. 换丸刀，将剩下需要留白部分的废料剔除掉。

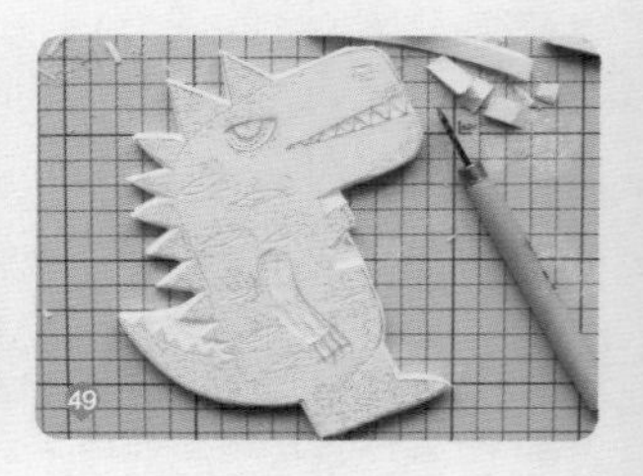

49. 切除完成。

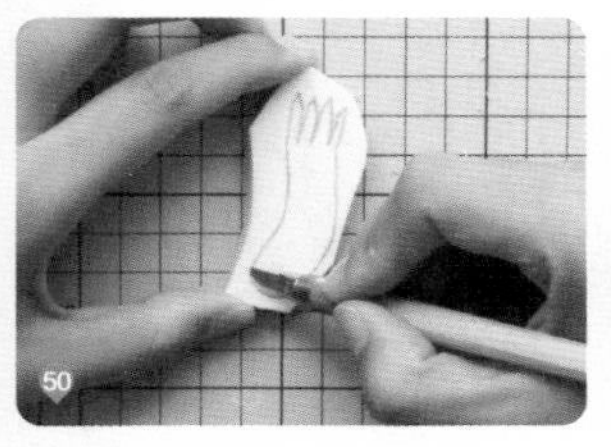
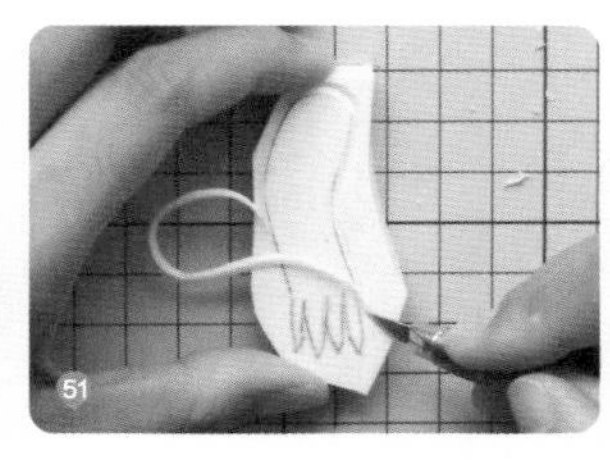
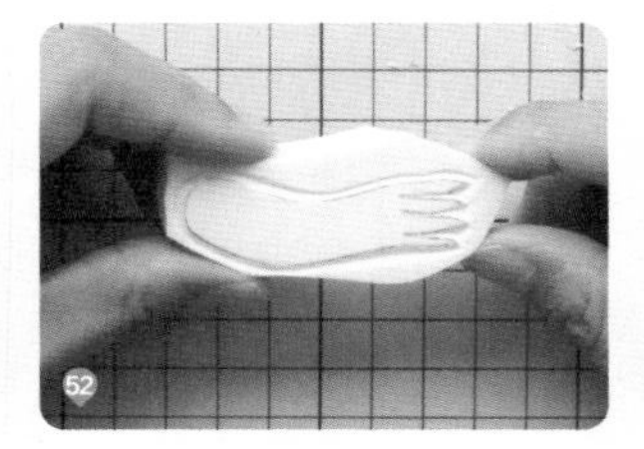
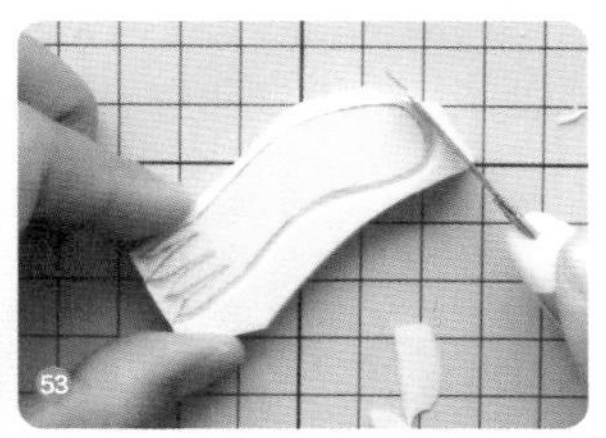

50~56. 按照图示，将需要套色的恐龙手臂和男孩的脸蛋雕刻出来，并用美工刀紧贴边缘切割下来。

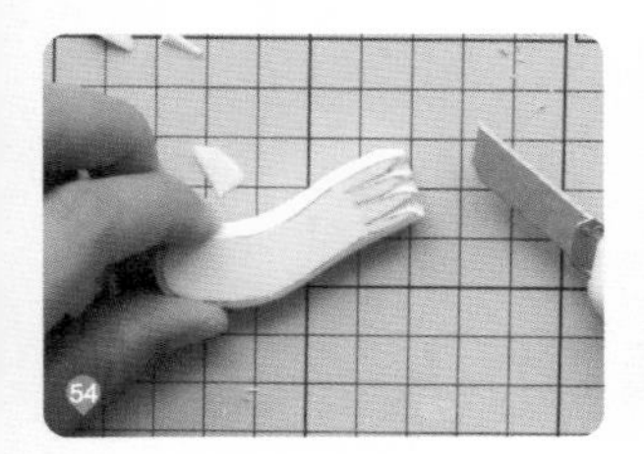
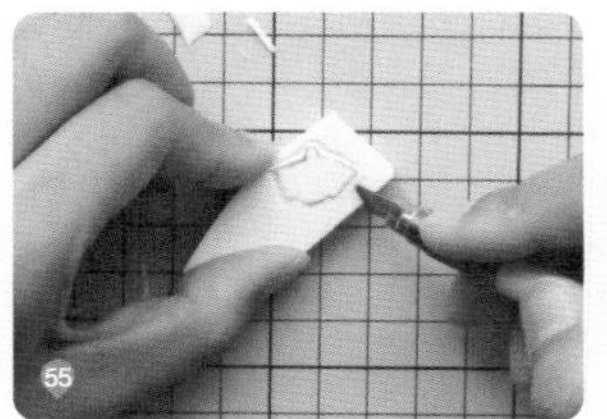
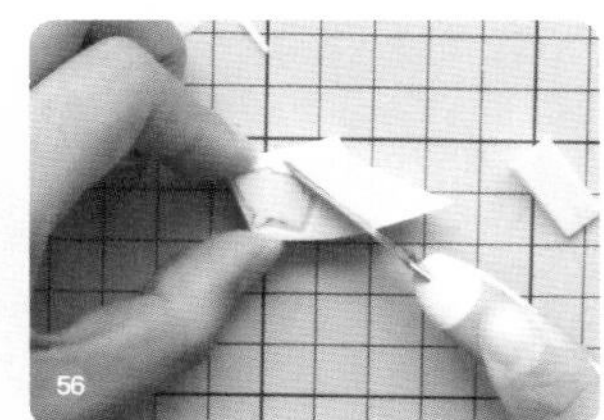
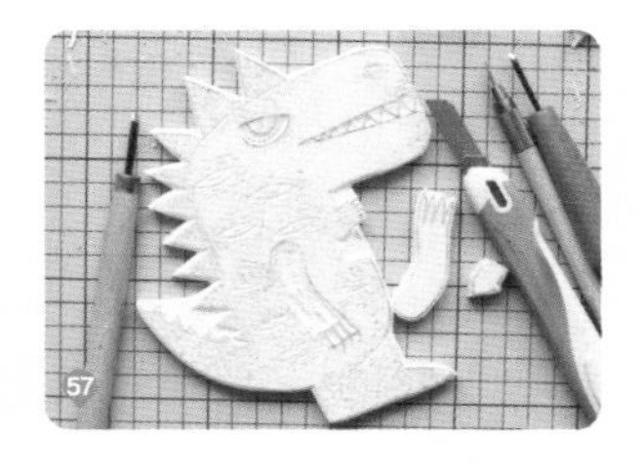

57. 所需的橡皮章全部雕刻完成。

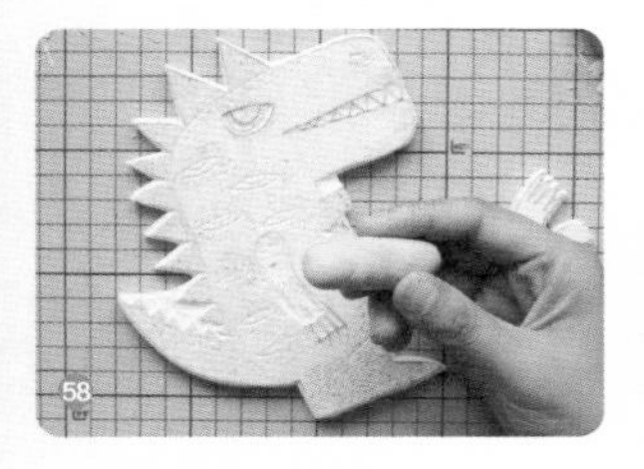

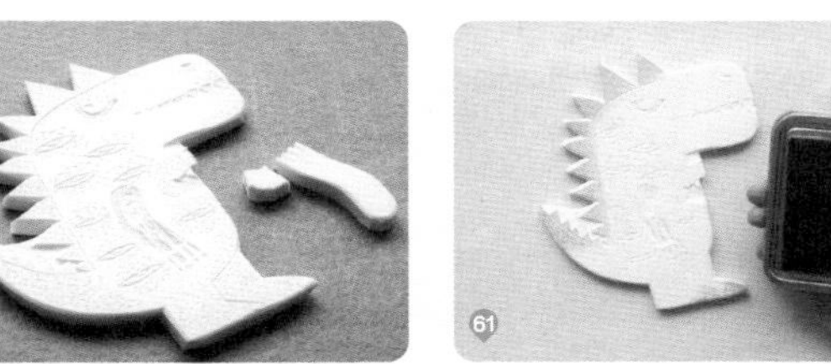

58~59. 将可塑橡皮搓成条状，在橡皮章上来回搓，就像用擀面杖，直至把铅笔印清理干净。或者用大透明胶带将铅笔印粘掉。

60. 清洁完毕。

61. 下面进行上色。用MISTY BLUE铁盒印台给恐龙的背、尾、脚趾拍上颜色。

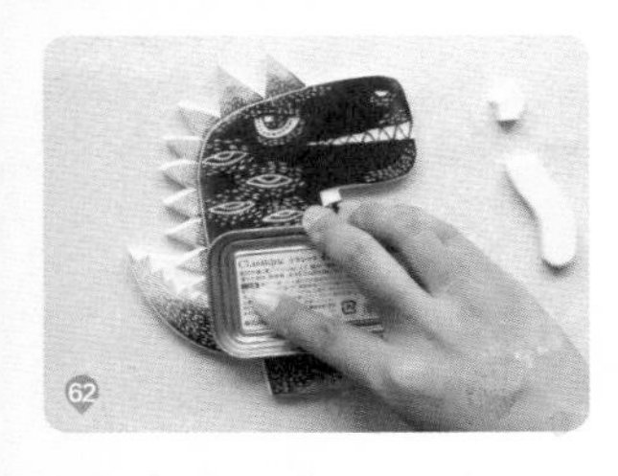

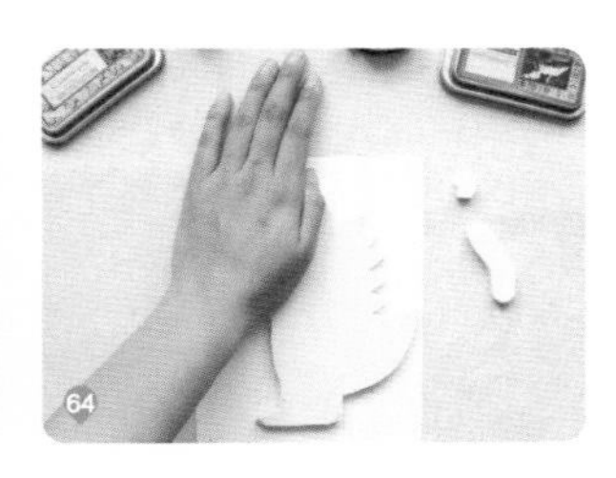

62. 用NAVY BLUE（藏青色）铁盒印台将剩下的部分拍上颜色。

63. 用黑色铁盒印台给人物的头发、眼睛拍上颜色。

64. 把全部拍好颜色的橡皮章盖印到准备好的卡纸上。

65. 恐龙部分盖印完成。

66~68. 用MISTY BLUE铁盒印台对恐龙手臂进行套色。

69. 用RAW SIENNA铁盒印台对人物脸蛋进行套色。

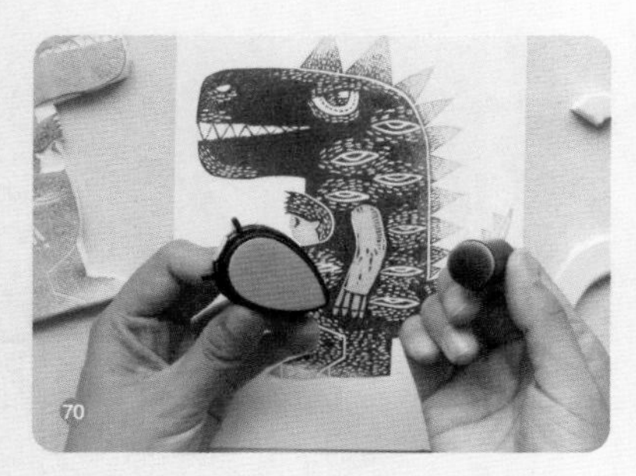

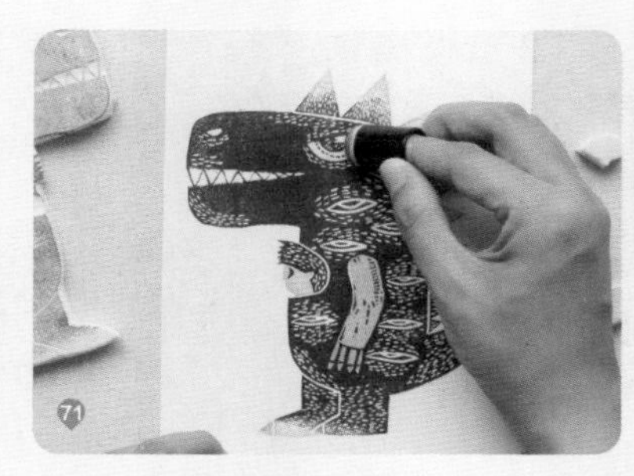

70. 用指套进行局部上色，准备MD-100 DANDELION（蒲公英黄色）印台。

71. 用指套蘸上颜色，如果需要深色就多蘸几次，多拍几次。

72~74. 给恐龙的眼睛、牙齿、背和尾上色。

75. 换VINTAGE SEPIA（复古棕色）铁盒印台给恐龙身上的眼睛状纹路上色。

76. 给恐龙的影子部分上色。

77. 完成。

1. 用彩铅在草图上标上颜色。

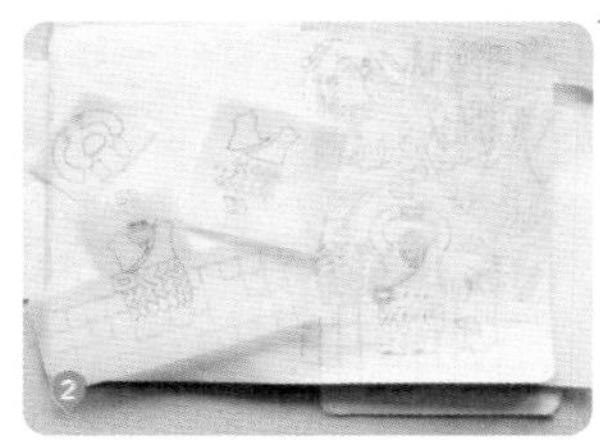

2. 先把主体人物需要套色的部分分别描在描图纸上。

3. 把不同颜色的植物分别描在描图纸上。

4. 最后描上恐龙。

5. 将图案转印到橡皮砖上并进行切割。

6. 雕刻完毕后用胶带去除铅笔印迹，用可塑橡皮粘掉表面的橡皮渣。

7. 参照色卡，挑出所需颜色的印台。

8. 对照色卡在草稿上试印一遍，如果对配色不满意再修改。

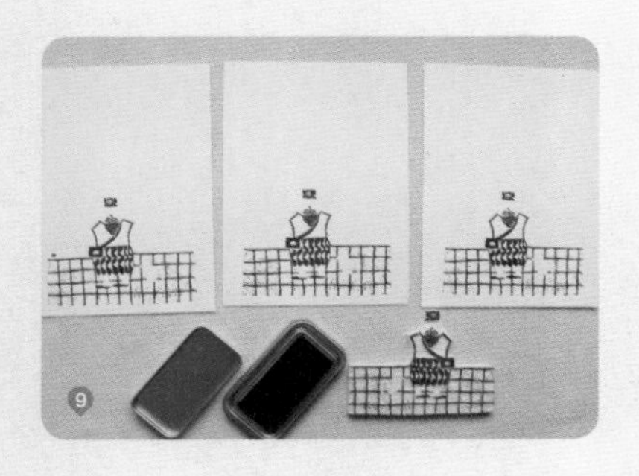

9. 这个图案的主体是人物以及地板，从人物印起，可以定好主体的位置再逐步上色，也可用铅笔轻轻标记，一次可以印多张印片。

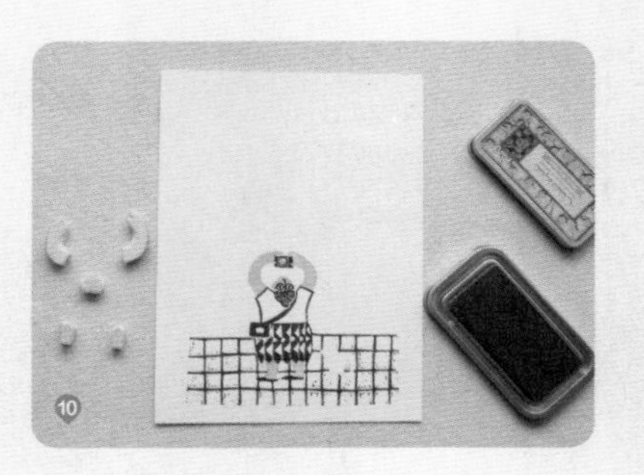

10. 接着印上人物的脸、胳膊和腿。

11. 按照图示印上服装。

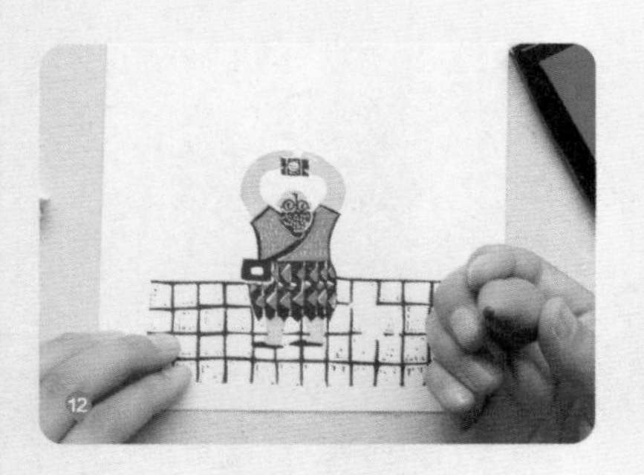

12. 用可塑橡皮给挎包上色。

13~20. 接着一步步从下往上印植物，植物的部分可以用些渐变，这样显得更有层次感。

21~24. 印完恐龙再印右边的植物，这样更容易对准颜色。

25. 小叶子可以拍上不同颜色重复利用，补充画面中空隙较大的地方。

26. 用牙刷蘸上颜色给地板做些肌理效果。

27. 最后把小狗印上。

28. 完成。

花店

1. 用彩铅在草图上标上颜色。

2. 把需要雕刻的图案描到描图纸上。

3. 将图案转印到大橡皮砖上，切割完毕后进行雕刻。

4. 需要套色的橡皮章边缘一定要雕刻清晰。

5. 对照色卡，在草稿上进行试印。

6. 这个图案的主体是人物和背景花盆，印上主体之后依次上色。

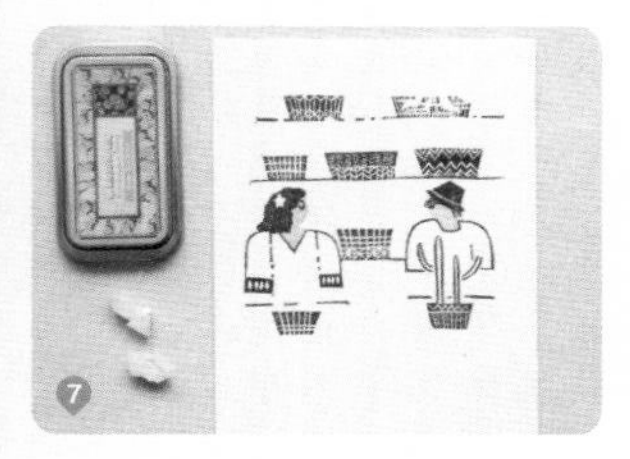

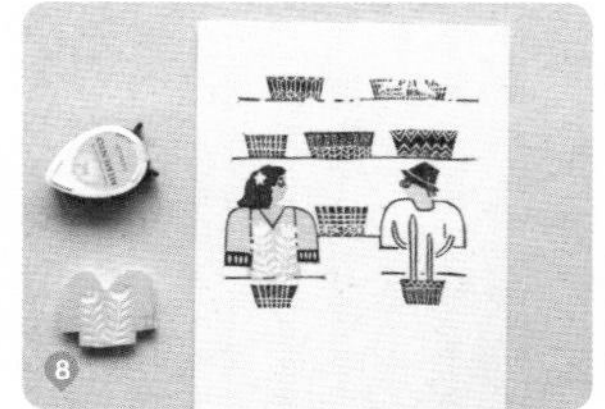

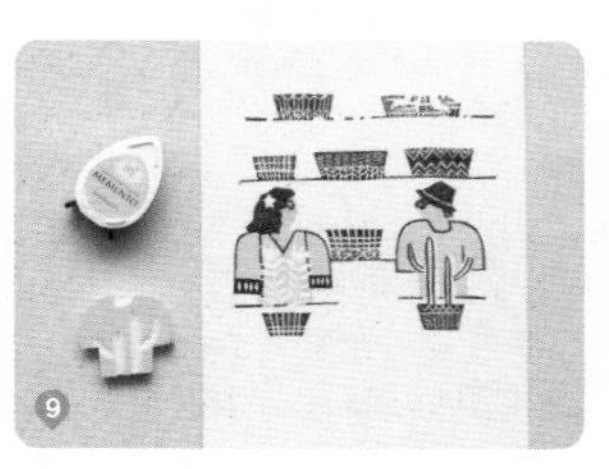

7. 先印上人物的脸部。

8~10. 印完衣服之后再印胳膊，这样给胳膊套色的时候更容易找准位置。

11~25. 从上往下依次印植物。

26~27. 用可塑橡皮给人物的头饰和人物的脸蛋上色。

28. 利用上色笔，给花朵上色。

29. 完成。

PART 5 橡皮章的应用

胸针：仙人球、水鸭、鸟女王

准备工具

雕刻好的橡皮章、
布用印台、
针、
线、
各色珠子、
绣绷、
印布、
剪刀、
棉花、
别针、
熨斗。

制作方法

1. 用布用印台将刻好的橡皮章盖印到印布上。印布各种面料均可，晾干后用熨斗加热几秒稳固颜色。

2. 把印好的印布装在绣绷上，准备好针，以及搭配好颜色的线和珠子。

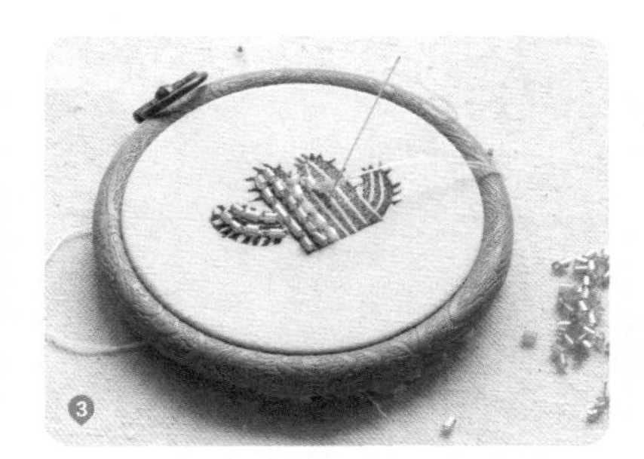

3~4. 将珠子按照图示缝上。

5. 珠子缝好后，按照图示剪下，再剪一块大小一样的衬布，然后将两块布缝合，不要完全缝合，留下缺口往里填棉花。

6. 利用棉棒将适量棉花填充进去。

7. 将缺口缝合。

8. 将别针缝到胸针背面。

9. 仙人球胸针完成。

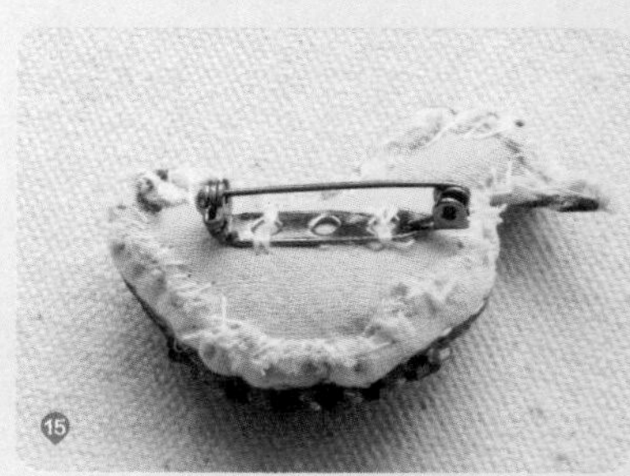

10~15. 水鸭胸针如法炮制。

16. 除了制作布制胸针，还可以制作木制胸针，用布用印台将橡皮章盖印到圆形木片上后晾干。

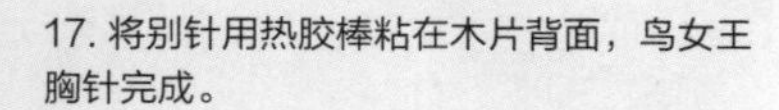

17. 将别针用热胶棒粘在木片背面，鸟女王胸针完成。

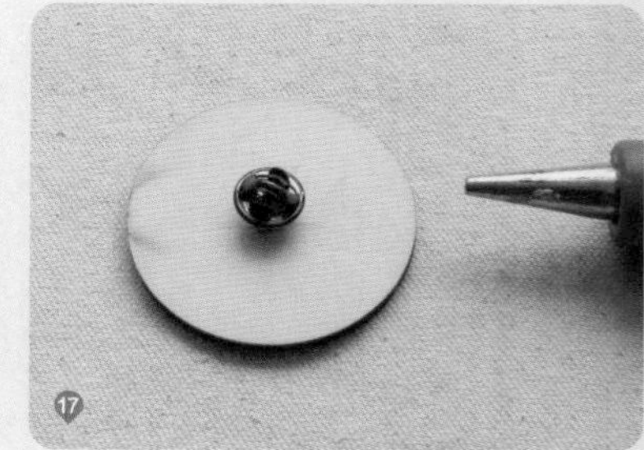

木盒摆件：自由的狮子

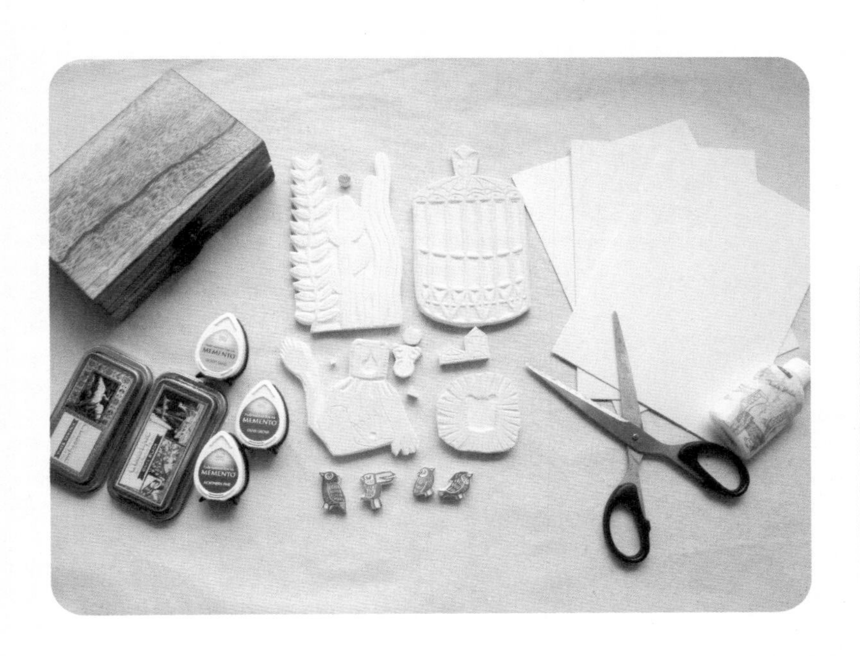

准备工具

雕刻好的橡皮章、
印台、
长15厘米宽10厘米的木盒、
剪刀、
0.5厘米厚的卡纸、
白乳胶。

制作方法

1. 将各个橡皮章盖印到厚卡纸上。

2. 将各个图案用剪刀剪下，笼子的内部用刻刀镂空。因为笼子需要粘在盒子上，所以笼子下边要留下一块0.5厘米宽的空白部分。

3~4. 把刻好的狮子毛发用白乳胶粘在狮子身上，狮子的底端也要留下空白部分。

5. 刻好剩下的植物。注意植物和小鸟的底端也需要留下空白部分，便于粘贴。

6. 先用白乳胶将最里侧的植物粘在木盒上，粘的时候要用手固定几秒再松开，以免粘得不紧。最好不要用双面胶来粘，用双面胶虽然方便，但时间长了容易脱落。

7. 将盒子右边的植物粘上。

8. 粘左边的狮子。

9. 将右边的笼子和前面的植物粘上。

10. 粘上最前面的小鸟。完成。

花裙子扇子

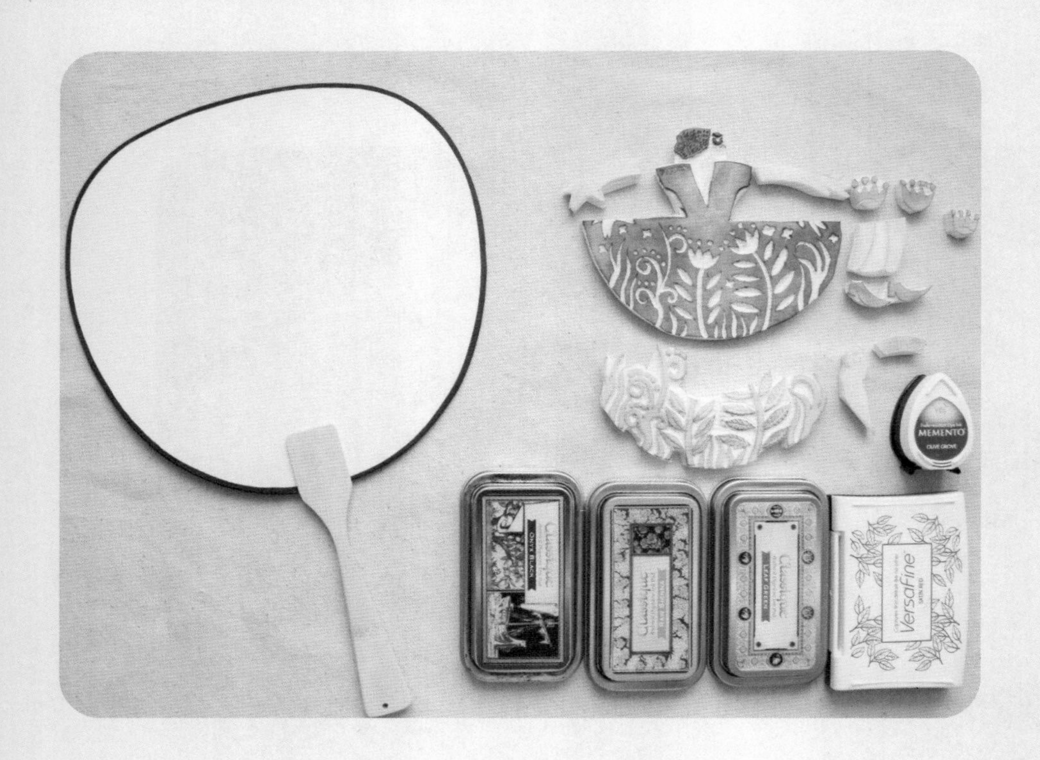

准备工具

生宣木扇
（直接网购现成的就可以）、
雕刻完成的橡皮章、
印台（纸用印台就可以，不要
求用水性或者油性印台）。

制作方法

把橡皮章盖印在木扇上，跟
盖印在印片上的步骤一样。

恐龙T恤

准备工具

纯棉白T恤一件、
雕刻好的橡皮章、
布用印台、
熨斗。

制作方法

1. 用布用印台将橡皮章盖印在准备好的白T恤上。印的时候要避免颜色从T恤前面渗透到T恤背面，可在T恤里面垫上白纸或者切割板，然后晾干。

2. 用熨斗从图案背面进行加热，图案下边要垫上白纸，以免加热掉色。熨斗下面最好垫上一层布，避免糊掉，加热10秒即可。

3. 完成。

4. 还可以用一些小橡皮章随意组合丰富画面。

钟表

准备工具

直径20厘米、厚3毫米的木板（可网购现成的），
雕刻完成的橡皮章，
印台（布用印台最好，油性印台和水性印台也可以，但效果没那么好），
表芯一套（网上有现成的可购买，直接搜索表芯，十几块钱就可以买到很好的，要注意表芯后面的轴要跟木板打孔的大小一致），
表针一套（一般购买表芯时会赠送一套表针。这里我特地买的是实木表针，因为比较硬，不容易弯曲，大概十元一套），
电钻或者锥子（电钻钻孔快，但是一般家里没有这种工具，可以用锥子一点一点钻出圆孔），
木头支架。一般是用来展示橡皮或印片，这里用来支撑表盘。

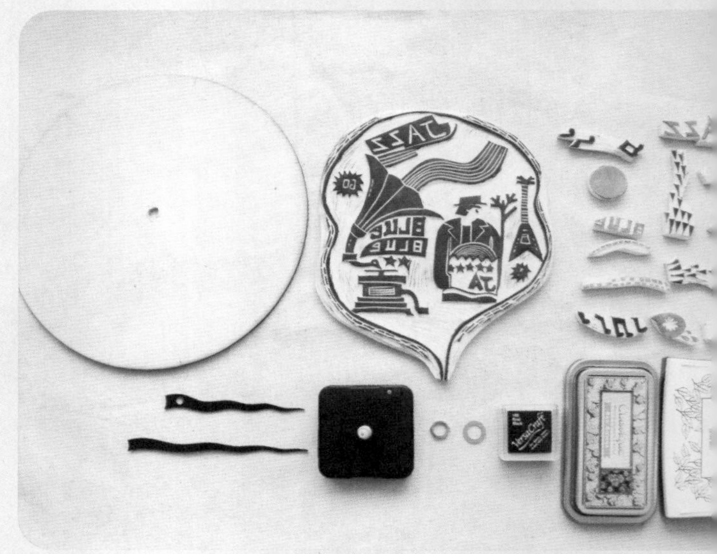

制作方法

1. 找到木板中心位置用电钻钻孔，孔直径要与即将安装上去的表芯背后的轴直径一样。再用测量工具标记好时针的位置，印上时间标识。

2. 按照表芯说明书进行组装。

3. 将钟表放在支架上，完成了。

立体摆件：雨伞人、五人组

准备工具

刻好的橡皮章、
1毫米厚的卡纸、
印台、
剪刀。

1. 将橡皮章印到卡纸上。

2. 留有一定的边缘，沿着边缘剪下图案。

3. 剪下一个长梯形做摆件的底座。人物脚中间的间隙要剪一个0.5毫米宽的口子来安插底座。

4. 口子不要一下剪太大，慢慢调整，完全适合后将其安插底座。

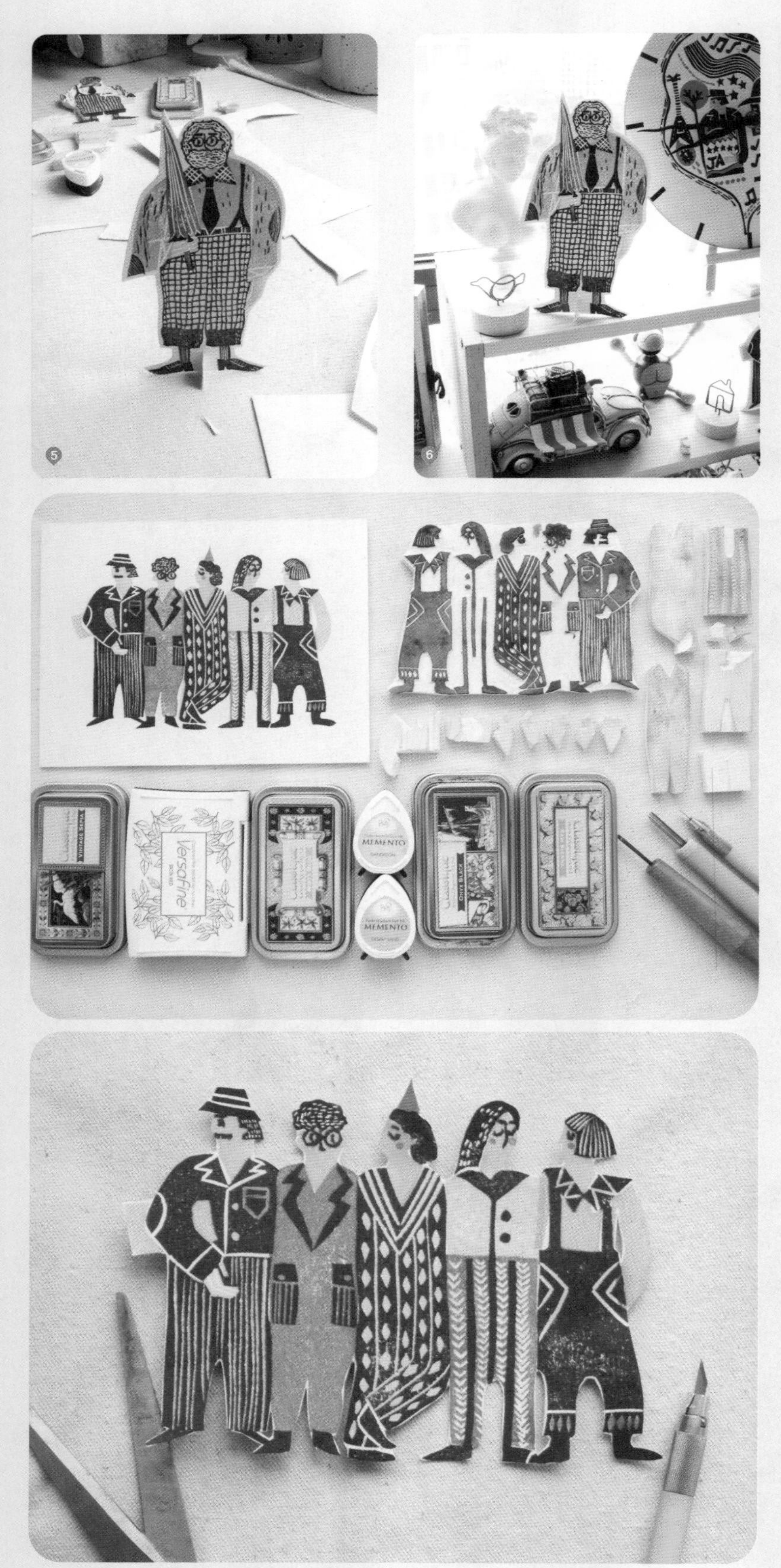

5~6. 雨伞人立体摆件完成。

五人组立体摆件的制作方法跟雨伞人立体摆件的一样。

后记 Epilogue

这么快一本书就到了结尾，现在细细想来，刻橡皮章带给我的是梦想，出一本绘本一直是我的梦想，但是苦于自己文笔不好也没有像样的故事，画些单幅的插画无法连在一起成为一本书，后来刻了橡皮章——我要故事干什么？我的每一幅画都是一个故事，并且我的故事是我一刀刀刻下去的。

刻橡皮章带给我的另一样东西，或许就是那份心情吧，心情不好的时候刻上几个，在创作的过程中不开心的事一下子就忘掉了，不用去想明天该怎样，不会因为想念一个人而忘掉了自己。几年前，我妈病逝的时候我情绪十分低落，一首歌、一句话都不敢听，后来拿起笔刀，慢慢在创作过程中走出了阴霾。只在刻橡皮章的时候我才不会胡思乱想，刻橡皮章是一件简单的事情。我想在后记里跟妈妈说一句从来没说过的话：妈，我爱你！希望在天上的妈妈看得见、听得见。

橡皮章能给你带来什么？我希望当你看完这本教程，能够怀着激动的心情说：我要去买工具！我要刻橡皮章！我下班回来刻橡皮章才是最自在的事情！就和当初的我一样，拿起笔刀就再也无法放下。我的故事就是这样，而你的故事正在开始。

路上路

附录1

橡皮章跟插画是怎么搅在一起的

我是怎么知道橡皮章的呢?

我和大多数人一样，每天上网打开电脑就搜索有关插画的东西，画过几张油画，捏过几个太空泥，真正遇到橡皮章是前几年去上海看一场展览，有橡皮章作品，但是并不多，吸引我的就是这几幅橡皮章作品，是Deepgrey（德普格雷）的作品。这就是我的橡皮章启蒙老师。

当时我就想，橡皮还能雕刻着玩，真是大开眼界，厉害得不得了啊，回家后我按捺不住了，上网搜索有关橡皮章的资料，但网上的资料挺令我失望。庆幸自己第一次看到的橡皮章作品就是这样的插画风格，这让我的创作起点高了。

在这之后我就上网买工具，当时用的是国产印台，因为我怕自己玩砸了。我还买了橡皮章教材，橡皮章起源于日本，我就选日本的教材，事实证明我错了，这些教材出版的时间太早了，还停留在用美工刀雕刻的阶段。不过书中的图案非常美，我超喜欢。当时买其他教材也来不及了，于是我上网搜索，什么教程都有，还有视频图解，可网络教程里的花样留白就把我累死了——平留白，搓衣板留白，玫瑰花留白——练习搓衣板留白要累死了啊，还有抹得超平的平留白，这是要气死个人吗？刻了十几个搓衣板留白之后我就放弃了。后来我总结，各式留白其实有点喧宾夺主，只要不把留白印到印片上就没关系，哪怕印上一点也没关系，毕竟橡皮章就是突出纯手工制作，后期的作品我大多用平留白和角刀留白。

这里强调，我说的留白方法是适合我的，有的同学用花样留白是为了使橡皮章更好看，这样也是可以的，不能以偏盖全，根据自己需要选择才是最好的。

其实我学的不是插画专业，高中学了三年美术，大学学的是艺术设计，也就是平面设计。

说起我的插画经历，是很奇特的。高中家里没电脑，我跑出去偷偷上网，有天无意间在一个网站上看到了黑荔枝的画，才知道一种东西叫作涂鸦，顿时热血沸腾，竟然还能这样画，想到什么画什么，无关比例，无关像不像，色彩用得这么疯狂，当时我在涂鸦王国网站上找到了原作者黑荔枝，并且要了一本签名书。那时候一个高中生能得到一本签名书，这是要“上天”的感觉啊，于是我开始在本子上随意画，上课画，下课画，考试也画，高中结束时我画了好几本。

上大学那年，我暑假去了北京，还见到我的偶像黑荔枝，他一直鼓励我继续画。我的画风也经历了好几个阶段，画到完全不知道自己是谁，自己什么风格也没有，也是很累。

一个转折点又出现了，我学平面设计时要会用CorelDraw，那时候老师管得特别严，让我们必须学会，并且要用得很溜，就这样我被逼学会了。那时候我想，为什么不用CorelDraw画人物呢？于是我开始用CorelDraw调曲线画人物，画了几幅发到了网站上，被一本杂志的编辑看到了，她向我约稿，就这样我大学两年每月给两本杂志画插画，上网搜资源，找人拍素材。

期间我并没有放下手绘，一直画本子，最后的毕业设计也是手绘稿加电脑上色。毕业之后我给杂志画插画的生涯结束了，因为杂志停刊了。说实话，我那时候挺讨厌自己给杂志供稿的画风，因为是给文章作者服务的，不能够表达我的思想。

那段生涯结束后，我迷茫了，我该怎么办？我的风格到底是什么？

那几年我作品极少，直到后来我遇到了橡皮章，开启了我的新风格。

由于橡皮章的影响，我的画风也在渐渐清晰。以前我涂鸦都是即兴的，虽然也有一些是画前构思过的，但这样的作品很少。平面设计专业知识对我的橡皮章插画创作有一些帮助，比如对点、线、面的运用，构图、配色。

我发现，其实好的插画也需要一点设计感，要细细揣摩每一张构图，每一个图形，每一条线段，但最后表现出来要自然、不刻意。我喜欢插画，我用橡皮章去表现我的插画，而不是用画笔。笔刀代替了画笔，换了种工具而已。在橡皮章创作过程中，我的画风也在发生变化，最终形成了现在的风格，可以说是橡皮章成就了我现在的插画，让我换了一种方式给大家讲故事。

如何使橡皮章作品更像插画，橡皮章插画风格形成的必备要素

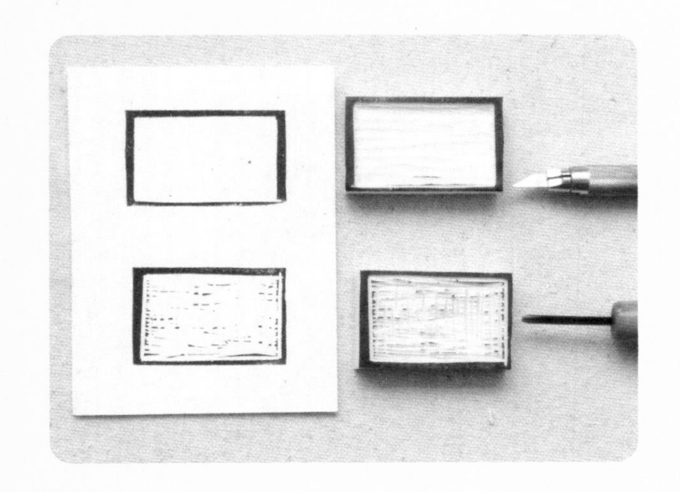

留白的选择

橡皮章留白风格多种多样，但我唯独爱两种留白方式。第一，丸刀留白（平留白），雕刻起来简单，不像搓衣板留白需要精准的技巧，而且直观，雕刻出来的橡皮章能看到丸刀一刀刀的手工感。第二，角刀留白，更随意，并且可以雕刻出不同的肌理感，打造版画效果。

图案的设计和选择

我是学平面设计的，平面构成三要素我最拿手。从高中起，老师就一直强调点、线、面的运用。

简单点来说，作品有了点、线、面，就可以说比较完整了，当然还有配色、构图。网上大多数橡皮章教程都是以线为主，显得很单薄，所以漫画感很强，而想要橡皮章作品像插画、像版画，就要以面为主，也就是要以图形为主，点、线作为辅助。

比如恐龙这幅橡皮章作品，以恐龙身体的面为主，但是我也用了点、线，那就是恐龙身上的纹路。如果反过来，以恐龙身体的轮廓、线为主，就会有漫画的感觉，而没有版画、插画的感觉。

色彩、印台的选择

颜色搭配和图案设计的难度是一样的，有的时候图案好，颜色搭配不好，那也是不成功的。印台颜色那么多，我们应该怎么选择呢？提醒大家一点，印台要精不要多，因为我发现买的印台好多是用不上的，偏爱的只是那几种，每个人都有自己的喜好。

我用的颜色大多特别复古，复古色铁盒印台用得比较多，从铁盒的包装来看，就是一种复古的感觉。

除了铁盒，我还会买一些纯度、明度较低的，比如灰绿、灰蓝、灰棕。

当然，我并不是只使用灰色调的，我也常常用一些亮色来点缀提亮一下，但是亮色面积不可太大，局部提亮就可以。

上网购买印台的好处就是卖家一般都有色卡，大家可以照着盖印出来的颜色挑选。

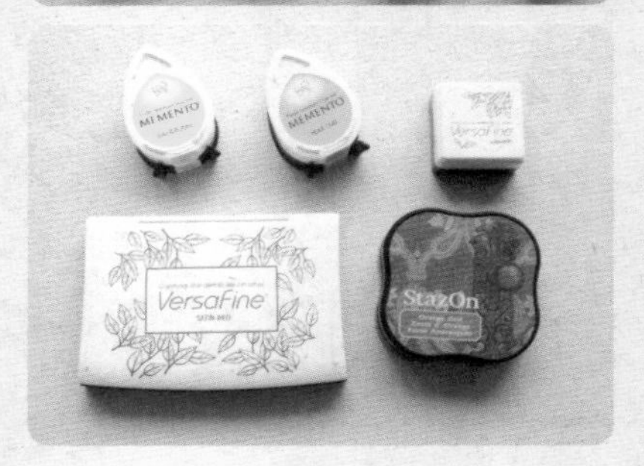

套色

如何套色才能更像版画或者插画？大家可以看看法国插画师马加利·阿蒂奥格比（Magali Attiogbe）的版画绘本《神秘礼物》（*Un cadeau mysterieux*）。

书中作品的颜色有时在轮廓外，不算精准。我的作品套色看起来都不是很精准，就是为了追求这种笨拙感，这样才看起来像手工的感觉。现在很多优秀的插画都追求这种颜色涂出轮廓外的版画的感觉。所以大可不必担心套色不准，随意一些。

附录2

作品欣赏

HARD&HEAVY
ROCK
LIVE
JAZZ
BLUE
BLUE
JA
GO

MEMENTO
Classique
ONYX BLACK
ESION

DO
WHAT
MAKES
YOU
OH—SO
HAPPY
BLUE MOUNTAINS CACTUS

MEMENTO
OLIVE GROVE

Classique
RAW SIENNA
雕刻刀

MEMENTO
DESERT SAND
雕刻刀

HELLO

SOAP
NAVY BLUE

nothing
can replace
YOU
LOVE YOU
ZOO

The New ENGLISH Dictionary
Classique
Archival Pigment Ink Pad
MISTY BLUE
Classique
ONYX BLACK

BLUE

GOODMORNING
ONYX BLACK
ESION

ORIGINAL
ONYX BLACK

ONYX BLACK
Esion

F A
H P
ONYX BLACK

附录3

作品解析

ONYX BLACK
OLYMPIA GREEN
OLIVE GROVE
LEAF GREEN
SPANISH MOSS
PISTACHIO
PEAR TART
CEMENT
RAW SIENNA
SATIN RED
RICH COCOA

ONYX BLACK
NORTHERN PINE
OLIVE GROVE
LEAF GREEN
PISTACHIO
SPANISH MOSS
MISTY BLUE
Thatched Straw
TOFFEE
RAW SIENNA
SATIN RED
RICH COCOA

ONYX BLACK

OLYMPIA GREEN

RAW SIENNA

ONYX BLACK

OLIVE GROVE

SPANISH MOSS

DANDELION

RAW SIENNA

TOFFEE

VINTAGE SEPIA

ONYX BLACK

NORTHERN PINE

OLIVE GROVE

LEAF GREEN

PISTACHIO

DANDELION

HABANERO

TOFFEE

VINTAGE SEPIA

ONYX BLACK

OLIVE GROVE

LEAF GREEN

SPANISH MOSS

NEW SPROUT

RAW SIENNA

SATIN RED

VINTAGE SEPIA

ONYX BLACK
NAVY BLUE
MISTY BLUE
LEAF GREEN
PEAR TART
DANDELION
VINTAGE SEPIA

ONYX BLACK

NAVY BLUE

Cloudy sky

18 ROYAL BLUE

5B SMOKE BLUE

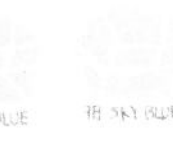
MISTY BLUE
SKY BLUE

OLIVE GROVE

PISTACHIO

DANDELION

RAW SIENNA

HABANERO

Orange Zest

TOFFEE

VINTAGE SEPIA

ONYX BLACK

NAVY BLUE

MISTY BLUE

RAW SIENNA

CRIMSON RED

ONYX BLACK

NORTHERN PINE

MISTY BLUE

RAW SIENNA

SATIN RED

Ice
Cream

ice
cream

ONYX BLACK

MISTY BLUE

SUNFLOWER
YELLOW

TOFFEE

SATIN RED

LOVE YOU

nothing can replace YOU
ZOO
m

ONYX BLACK

SATIN RED

RAW SIENNA

NAVY BLUE

MISTY BLUE

DANDELION

RAW SIENNA

VINTAGE SEPIA

ONYX BLACK

OLIVE GROVE

SPANISH MOSS

RAW SIENNA

SATIN RED

ONYX BLACK

SPANISH MOSS

RAW SIENNA

HABANERO

ONYX BLACK
MISTY BLUE
DESERT SAND
RAW SIENNA
CRIMSON RED

ONYX BLACK
NORTHERN PINE
OLIVE GROVE
PISTACHIO
DANDELION
RAW SIENNA
TOFFEE
VINTAGE SEPIA

ONYX BLACK

MISTY BLUE

DANDELION

SATIN RED

DESERT SAND

RAW SIENNA

VINTAGE SEPIA

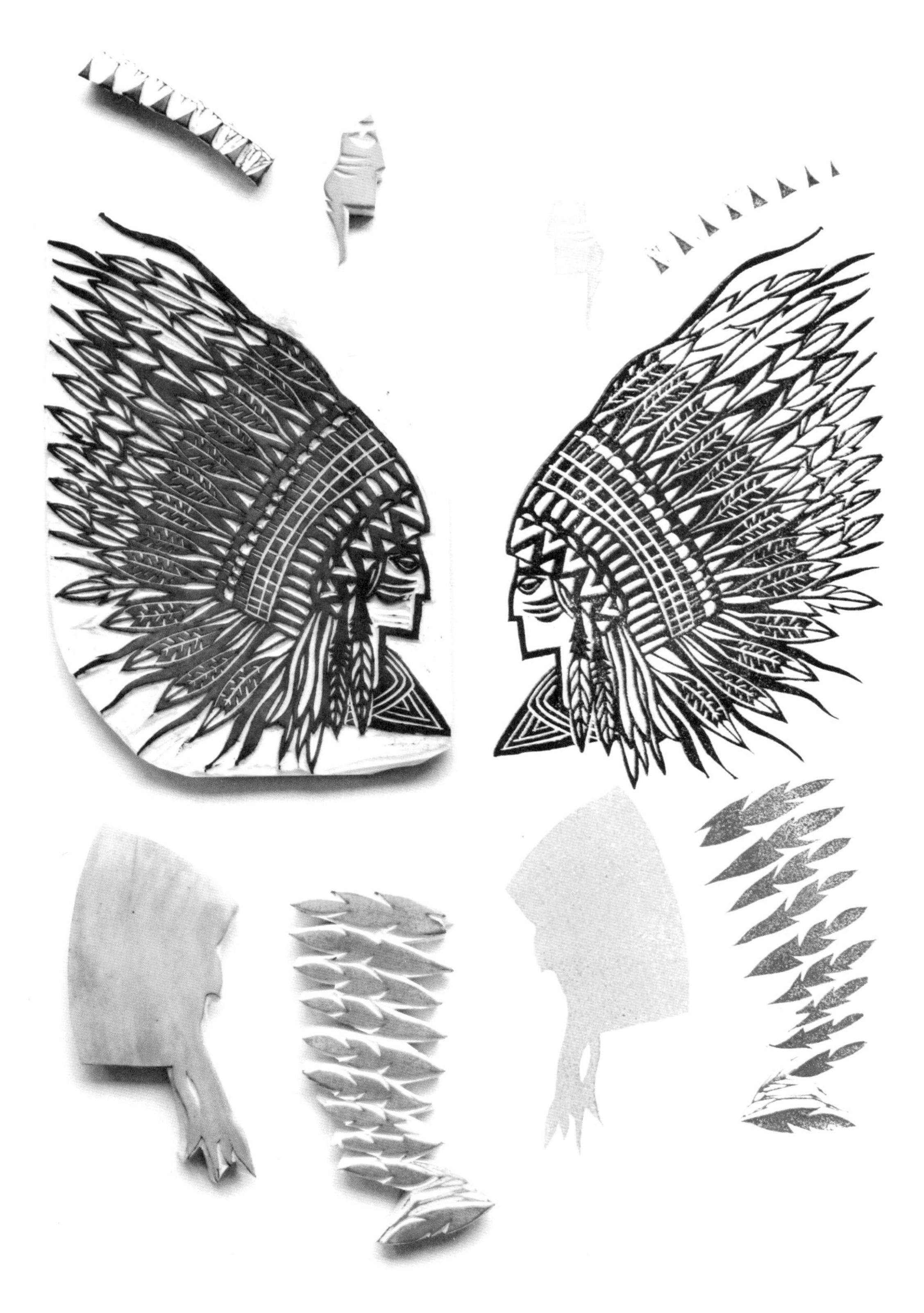

ONYX BLACK

CRIMSON RED

RAW SIENNA

BROWN SHADES

VINTAGE SEPIA

ONYX BLACK

MISTY BLUE

Thatched
Straw

DESERT SAND

RAW SIENNA

POTTER'S CLAY

ONYX BLACK

NAVY BLUE

MISTY BLUE

RAW SIENNA

SATIN RED

BROWN SHADES

VINTAGE SEPIA

DANDELION

TOFFEE

BROWN SHADES

ONYX BLACK

RAW SIENNA

RICH COCOA

ONYX BLACK

RAW SIENNA

ONYX BLACK

cloudy sky

MISTY BLUE

DANDELION

RAW SIENNA

Orange Zest

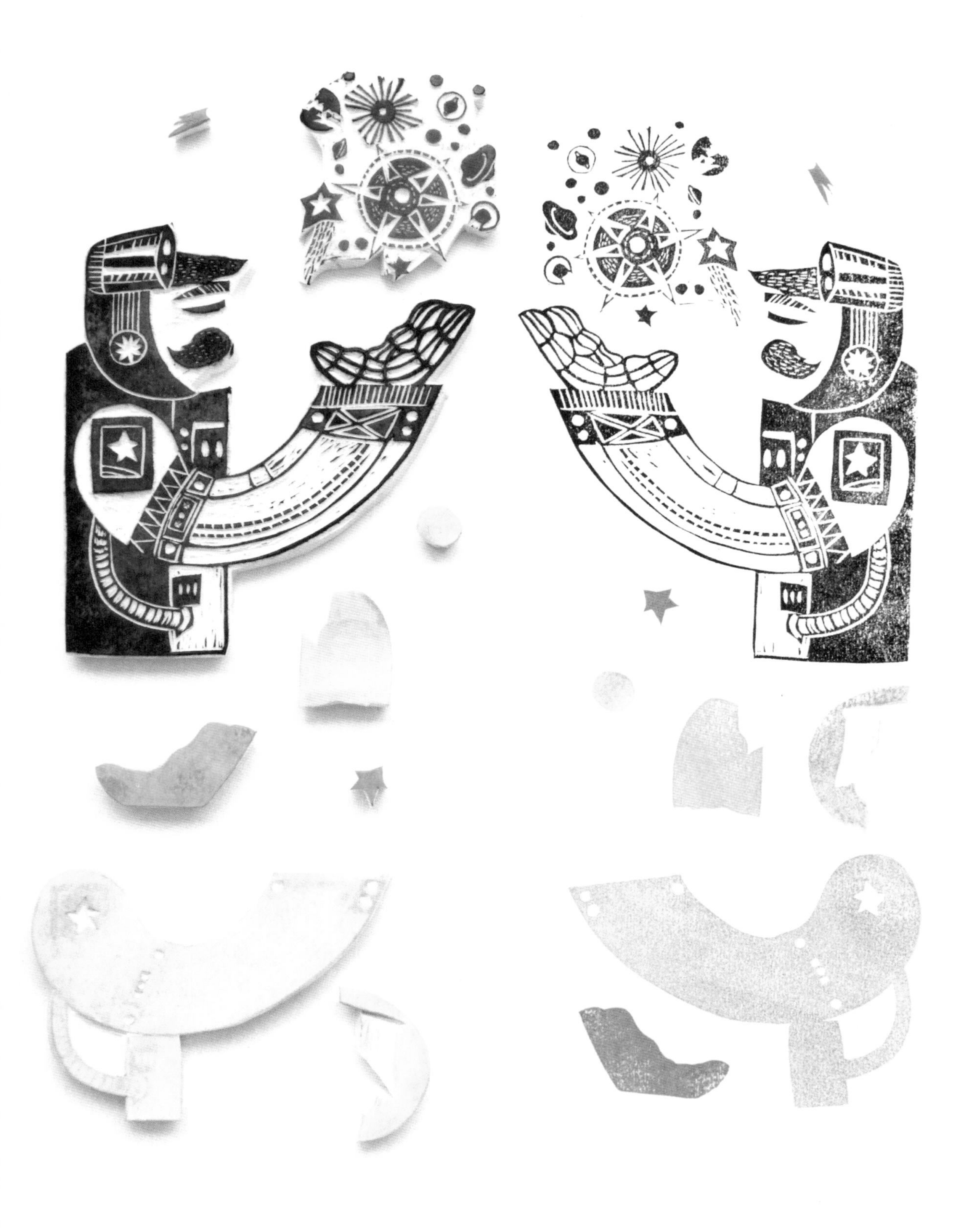

ONYX BLACK

NAVY BLUE

MISTY BLUE

RAW SIENNA

Orange Zest

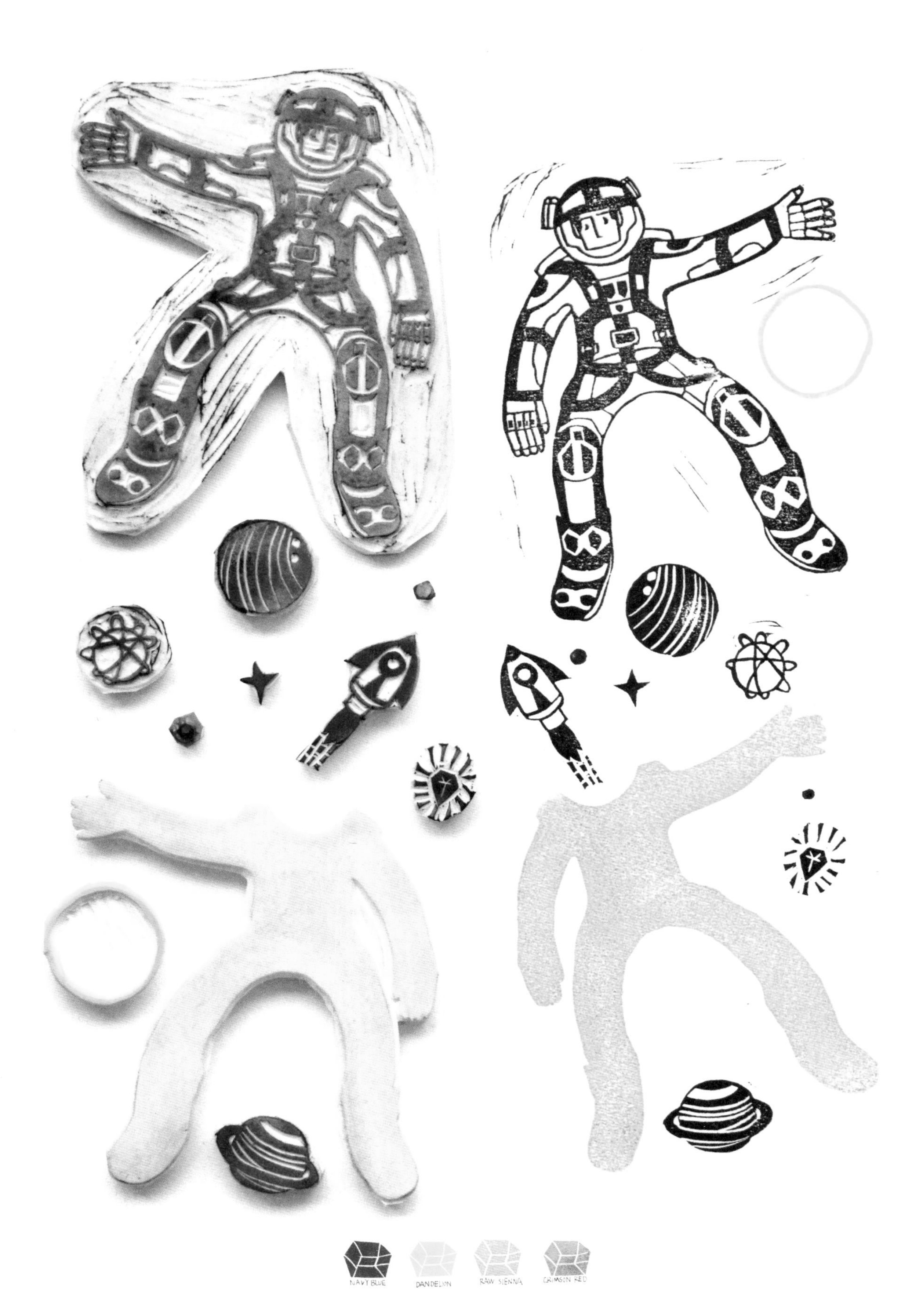
NAVY BLUE
DANDELION
RAW SIENNA
CRIMSON RED

ONYX BLACK

NAVY BLUE

MISTY BLUE

RAW SIENNA

POTTER'S CLAY

JAZZ
GO
BLUE
BLUE
JA

JAZZ
JAZZ
BLUE
BLUE
JA
BLUE

ONYX BLACK

RAW SIENNA

SATIN RED

ONYX BLACK

St. Olive Green

RAW SIENNA

TOFFEE

RICH COCOA

GOODMORNING

GOODMORNING

ONYX BLACK

OLYMPIA GREEN

NORTHERN PINE

SATIN RED

DESERT SAND

RAW SIENNA

VINTAGE SEPIA

ONYX BLACK
MAJESTIC BLUE

DANDELION

CRIMSON RED

RAW SIENNA

TOFFEE

ONYX BLACK

Orange Zest

ONYX BLACK

59 PEACOCK

RAW SIENNA

CRIMSON RED

ONYX BLACK

Cloudy sky

OLIVE

BROWN SHADES

ONYX BLACK
MISTY BLUE
RAW SIENNA

ONYX BLACK
MISTY BLUE
sage
NORTHERN PINE
OLIVE GROVE
DANDELION
RAW SIENNA
SATIN RED
DESERT SAND
TOFFEE
VINTAGE SEPIA

ONYX BLACK

NAVY BLUE

DANDELION

RAW SIENNA

ONYX BLACK

NAVY BLUE

OLIVE

Orange Zest

RAW SIENNA

VINTAGE SEPIA

COFFee

coffee

ONYX BLACK

NAVY BLUE

cloudy sky

SUNFLOWER
YELLOW

RAW SIENNA

RICH COCOA

ONYX BLACK

CRIMSON RED

RAW SIENNA

TOFFEE

Everything
you see exists
together in a
delicate balance

ONYX BLACK

DANDELION

RAW SIENNA

TOFFEE

VINTAGE SEPIA

ONYX BLACK

CRIMSON RED

作品解析中出现的全部印台颜色

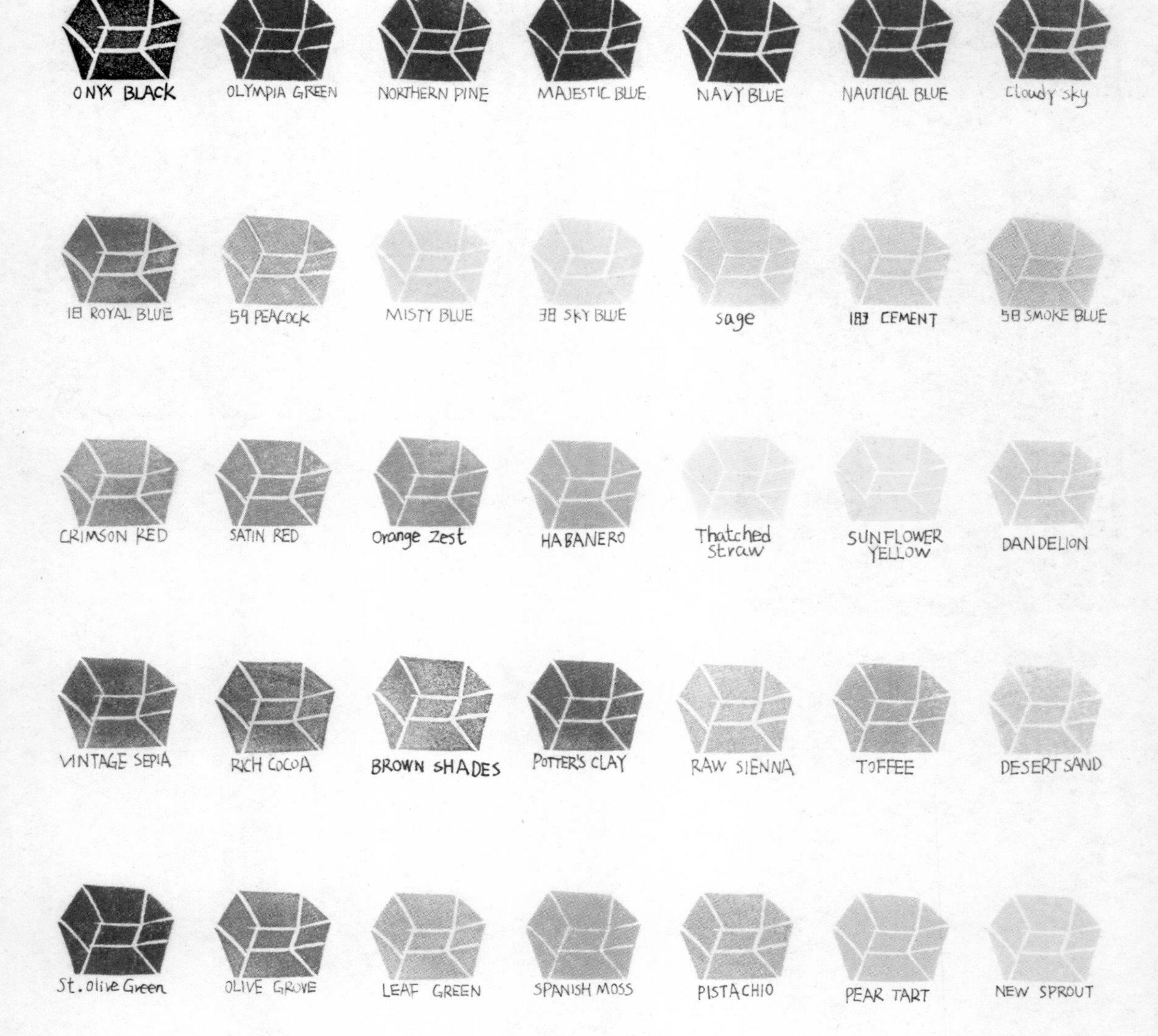

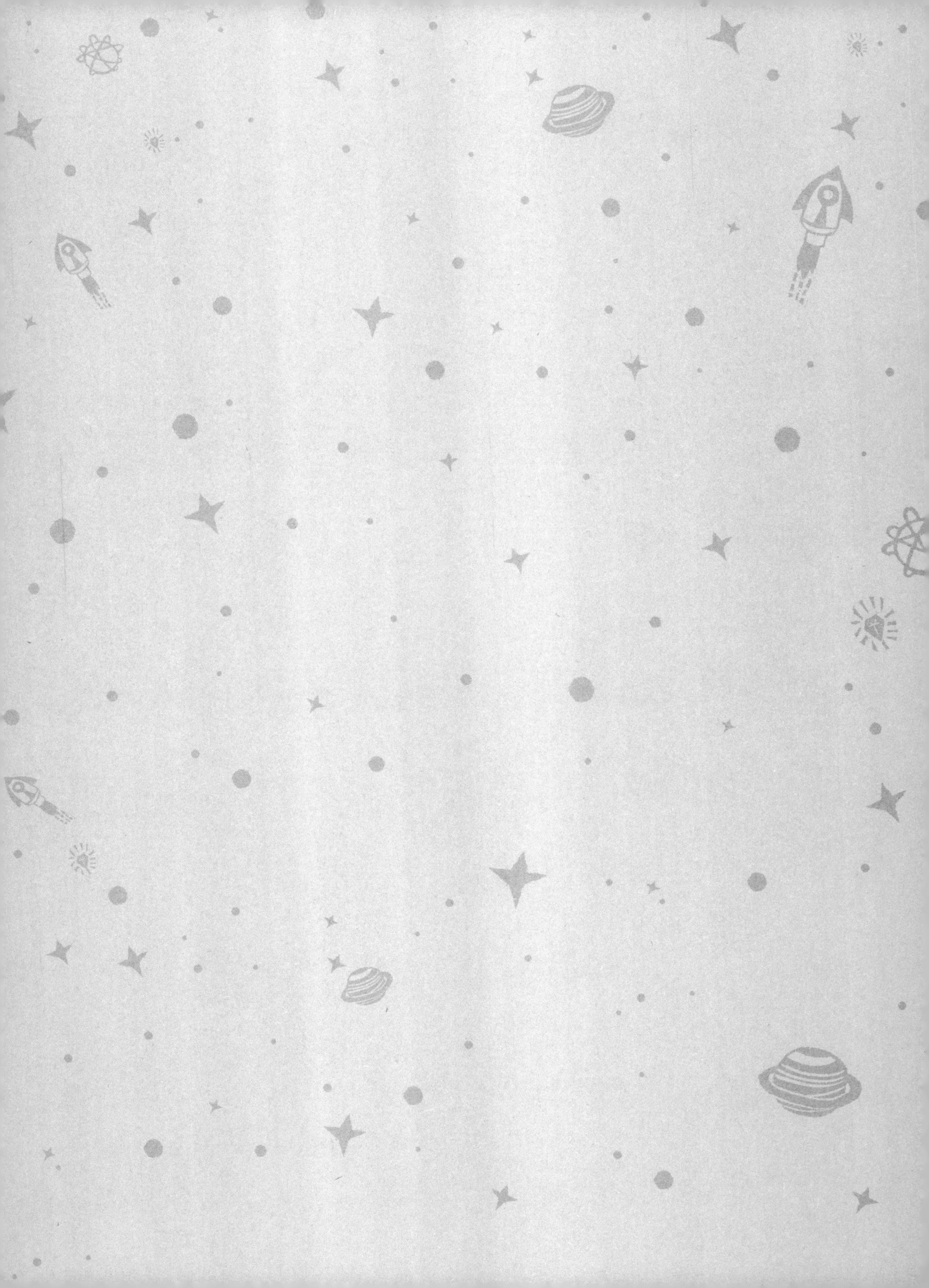